PS是真想教会你

15天实战集训营

李艮基　馒馒　编著

人 民 邮 电 出 版 社

北 京

图书在版编目（CIP）数据

PS 是真想教会你：15 天实战集训营 / 李艮基, 馒馒

编著. -- 北京 ： 人民邮电出版社, 2024. -- ISBN 978

-7-115-63705-5

I. TP391.413

中国国家版本馆 CIP 数据核字第 20247374QK 号

内 容 提 要

本书从工具讲解到实战应用，帮助读者快速掌握 Photoshop（PS）的基础操作。

全书包含 15 章，结构清晰，文字通俗易懂，对软件的图层、调色、滤镜、蒙版、通道、合成等功能与技巧进行重点解析，同时配合典型的实战案例，帮助读者融会贯通，将所学知识灵活运用到实际工作中。

随书附赠书中案例的素材文件，方便读者学习。

本书非常适合作为 Photoshop 初学者的自学用书，也可以用作数字艺术教育培训机构及相关院校的教材。

◆ 编　　著　李艮基　馒　馒
责任编辑　王　冉
责任印制　陈　犇

◆ 人民邮电出版社出版发行　　北京市丰台区成寿寺路 11 号
邮编　100164　　电子邮件　315@ptpress.com.cn
网址　https://www.ptpress.com.cn
北京九州迅驰传媒文化有限公司印刷

◆ 开本：700×1000　1/16
印张：16.25　　　　　　　　　2024 年 8 月第 1 版
字数：333 千字　　　　　　　2025 年 1 月北京第 2 次印刷

定价：69.80 元

读者服务热线：(010)81055410　印装质量热线：(010)81055316
反盗版热线：(010)81055315
广告经营许可证：京东市监广登字 20170147 号

前言

当你翻开本书信心满满地准备开始学习之旅的时候，我先回答你可能最关心的一个问题：怎么从零开始学会PS？

这个问题直接回答起来有点难，而且如果几句话就能描述清楚的话，也就不用翻开这本书了。来，不着急，我们把它拆分成两个问题，分别是"如何开始学PS"和"如何坚持学PS"。

关于如何开始学PS，我想说的小技巧是在生活化场景中学习。我会尽可能用生活中常见的案例来介绍知识点，让你在"DIY你的专属表情包""绽放美丽容颜"等生活化场景中渗透式学习，不知不觉入门PS。

那么入门之后如何坚持学PS呢，坚持的关键除了兴趣还有"正反馈"。

为什么有的人一刷抖音就是一下午，打开《王者荣耀》就难以退出呢？这些"上瘾模型"的背后，有一个很重要的参数——"正反馈"。传统方法学习PS会围绕软件布局进行展开，这确实重要，但对大家而言，把基础知识融入场景中逐一学习才会有更及时的"正反馈"。因而本书摒弃了大部分的软件科普，第1章就让读者可以独立创作作品，而每个实战案例都能让读者得到提升，又在提升中获取不断学习的动力。

不管是线上课程还是图书，我都希望用更优良的内容品质和真诚的态度让大家获得更好的学习体验。在感谢大家对我一如既往支持的同时，我也深知自身的诸多不足，非常欢迎读者朋友提出建议，一同参与图书的改良和优化。

希望本书能够给你不一样的PS学习体验，现在趁着自己兴趣正浓，我们一起扬帆吧！

学好PS，让自己的设计更出彩。

CONTENTS

目录

CONTENTS

目录

目录

13 多功能百宝箱: 滤镜库

14 功能强大的美颜制造者: 各类滤镜

15 综合大案例制作

01

美妙初体验:
与PS零距离接触

学习PS,需要从了解软件基础信息开始。

1.1 设置首选项

如果不习惯使用PS默认的设置，可根据自己的喜好设置首选项。设置适合自己的首选项，不仅可以拥有专属个人风格的操作界面，还可以更便捷地操作软件。

在菜单栏执行"编辑">"首选项">"常规"命令，可打开"首选项"对话框（快捷键为 Ctrl + K ）。

1. 颜色方案

在"首选项"对话框中选择"界面"选项，在"外观"的"颜色方案"选项中，有4种界面颜色。

2. 文件处理

选择"文件处理"选项，可以设置自动存储恢复信息的间隔。在下拉列表中选择需要的时间间隔，如选择"5分钟"，单击"确定"按钮 确定 完成设置，之后系统将每隔5分钟自动存储文件。如果因为计算机卡顿、死机等未及时保存文件，在下次打开软件时，可以将文件恢复到最近一次自动保存的状态。

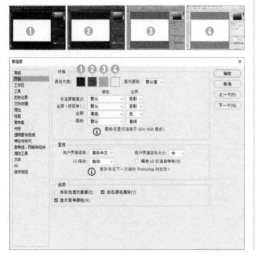

3. 性能

选择"性能"选项，可以通过增大分配给PS的内存，提升软件的工作性能。

> **提示**
>
> 建议分配内存不超过总内存的85%。超过这个百分数可能会因为没有多余内存分配给计算机必需的系统应用程序而影响性能。

"历史记录状态"用于设置可退回的操作步骤数，数值区间为1～1000，数值越大，所占的内存越大。

> **提示**
>
> 建议在日常使用时，将"历史记录状态"数值调整为50左右；在进行专业绘画时，可以调大一些。

4. 暂存盘

选择"暂存盘"选项，可设置暂存盘的位置。一般需要将暂存位置设置为系统盘之外的其他驱动器，以给系统盘留出更多存储空间。

> **提示**
>
> 建议将空间较大的驱动器设置为暂存盘。驱动器空间不足，会出现软件卡顿、无法保存或无法导出文件等问题。

1.2 新建文档

想要制作文件，从新建文档开始。执行"文件">"新建"命令（快捷键为 `Ctrl`+`N`），可以新建文档。此外，在初始界面单击"新建"按钮 也可以新建文档。

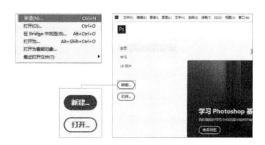

1.　空白文档预设

空白文档预设是指已经设置好参数的空白文档，包含"照片""打印""图稿和插图""Web""移动设备""胶片和视频"等。选择预设文档，可以快速新建符合需求的空白文档。

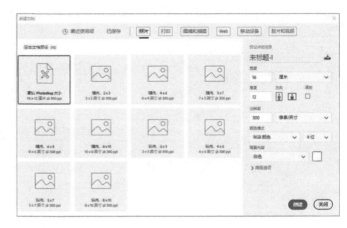

2.　新建文档的具体设置

在右侧的"预设详细信息"中可以修改相应参数来满足设计的需求。下面讲解各个选项和参数的含义。

❶　**文件名**

为新建的文档设置名称。

❷　**保存预设**

可保存已设置好的文档，下次使用相应文档时可在"已保存"中找到。

❸　**宽度与高度**

设置文档的大小。

❹　**画布尺寸的单位**

为新建的文档设置尺寸单位。打印类文件的单位通常为英寸、厘米和毫米，移动端或者计算机使用的文件的单位通常为像素。

❺　**画布方向**

指定文档的页面方向，包含横向█和竖向█。

⑥ 画板

勾选该复选框，创建的文档为画板形态；不勾选该复选框，创建的文档为画布形态。

⑦ 分辨率

用于定义位图图像的精细度。分辨率越大，图像越精细。不同应用场景对图像分辨率有不同的要求，达到相应要求才能将图像清晰地呈现出来。

适应场景	要求	分辨率
冲洗照片	照片对画质要求较高，因而分辨率也应较高	300PPI 或以上
名片、杂志等	要近距离观看，眼睛会看到很多细节，也需要较高的分辨率	300PPI
高清写真海报	观看距离适中，选择中等分辨率即可	96 ~ 200PPI
网络图片	在网页能够清晰显示的前提下，最大限度减小图片大小	72PPI
喷绘	由眼睛观察的距离和喷绘的大小来决定分辨率，分辨率不需要太高	小型喷绘 50 ~ 75PPI，大型喷绘 25 ~ 50PPI
以上参数为大致范围，分辨率的数值不是绝对的，其中 PPI（像素／英寸）是像素密度单位		

提示

了解了像素，这里简单介绍矢量图和位图。简单来说，矢量图可以随意缩放且不会变模糊，不过矢量图无法表现逼真的照片效果，常常用来制作图标、LOGO等简单直接的图形。位图不可以随意缩放，放大到一定程度会变模糊，不过位图可以表现色彩丰富的图像。

原图   位图放大   矢量图放大

⑧ **分辨率单位**

在下拉列表中可以选择分辨率的单位，包括"像素/英寸"和"像素/厘米"。

⑨ **颜色模式**

指定文档的颜色模式。印刷文档的颜色模式通常为CMYK颜色模式，电子文档的颜色模式通常为RGB颜色模式。

⑩ **图像位深**

图像位深决定了色彩间的过渡和变化的细腻程度。数值越大，颜色越多。不过，选择16位或者32位时，PS中的很多滤镜无法使用，而且文件大小也会成倍增加，因而平时制作文件时通常选择8位。

⑪ **背景内容**

指定新建文档的背景颜色。可以选择黑色、白色、背景色或透明，也可以选择自定义。

⑫ **背景颜色自定义**

单击可以直接自定义背景颜色。

⑬ **颜色配置文件**

为创建的文档指定颜色配置文件。

⑭ **像素长宽比**

用于设置像素在文档的长和宽中所占的比例。

提示

⑬和⑭为高级选项下面的设置，通常保持默认设置即可。

⑮ **创建**

以设置好的参数创建新文档。

⑯ **关闭**

放弃新建文档的操作。

1.3　界面介绍与自定义

前面讲解了如何新建空白文档，下面讲解PS的工作界面。

1.　工作界面

进入工作界面，会看到各种各样的工具和面板，我们可将其分为5个区域，分别为菜单栏、工具选项栏、工具栏、面板区、文件编辑区。

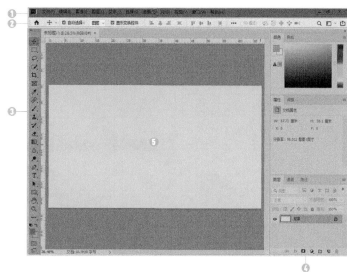

❶ **菜单栏**

菜单栏有11个菜单，分别是"文件""编辑""图像""图层""文字""选择""滤镜""3D""视图""窗口""帮助"。单击这些菜单名能展开相应的菜单。

❷ **工具选项栏**

工具选项栏位于菜单栏下方，每个工具都有特定的属性，调整工具的属性参数会呈现不同的效果。

❸ **工具栏**

工具栏里面有常用的工具，每个工具有不同的功能，掌握好这些常用工具的使用方法是设计好作品的必要前提。

❹　**面板区**

面板区有多个面板，每个面板所起的作用不同，可根据操作需求调出不同的面板。

❺　**文件编辑区**

文件编辑区就像一张空白的纸，用于直观地呈现制作出来的图像效果。

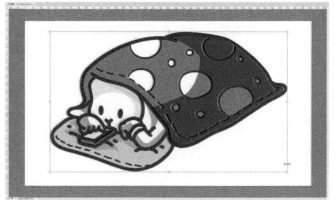

2.　自定义工作界面

除了菜单栏和工具选项栏，其他区域都可以折叠、关闭或者拖曳至指定位置。

工作界面的折叠与关闭

单击面板上方的双三角箭头可以展开或折叠面板。

单击面板右上角的❌按钮即可关闭面板。

工作界面的移动与复位

在面板标题处按住鼠标左键的同时进行拖曳，可以移动面板。

按住面板组最上方空白处的同时进行拖曳即可移动面板组

在"颜色"面板处按住鼠标左键并拖曳，可将"颜色"面板移动出来

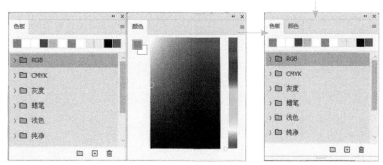

按住工具栏最上方任意位置的同时进行拖曳可以移动工具栏。

按住工具选项栏最左侧的同时进行拖曳可以移动工具选项栏。

工具栏最上方内任意位置

工具选项栏最左侧

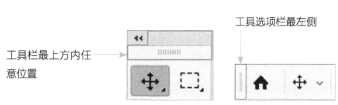

按住鼠标左键的同时拖曳面板，出现蓝色边框后，松开鼠标可以将面板复位。

提示

如果不小心将面板关闭了，可以在"窗口"菜单中找到关闭的面板并单击进行添加。当然也可以新增其他面板，单击需要的面板名称即可新增相应面板。

新建工作区

将工作界面布局好以后，在PS整个窗口的右上方单击"选择工作区"按钮，选择"新建工作区"命令，输入工作区名称，如"我的工作区"，进行存储后即可新建一个工作区。

标尺

执行"视图">"标尺"命令，可显示标尺，快捷键为 Ctrl + R 。

屏幕模式

执行"视图">"屏幕模式"命令，可选择屏幕模式。PS中包括标准屏幕模式、带有菜单栏的全屏模式、全屏模式3种屏幕模式，按 F 键可进行模式切换（输入法需要为英文状态）。

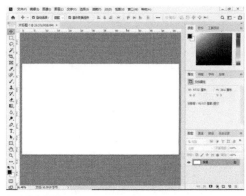

也可以直接在工具栏中找到屏幕模式。

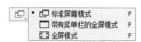

标准屏幕模式

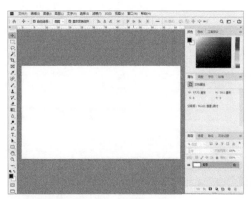

带有菜单栏的全屏模式

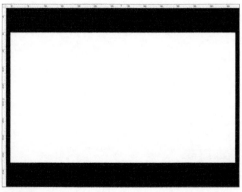

全屏模式

1.4 打开文件和存储文件

想要对某个文件进行操作，就需要打开文件；而想要将文件以某种格式保存起来，就需要存储文件。

1. 打开文件

在学习和使用PS的过程中，需要不断执行打开文件的操作。下面讲解打开文件的多种方式。

使用菜单命令

执行"文件" > "打开"命令（快捷键为 Ctrl + O ），即可弹出"打开"对话框，然后选择要打开的文件即可。

在开始界面单击打开

单击界面左上角的"主页"图标 🏠，回到开始界面。在开始界面，单击"打开"按钮 打开... ，选择要打开的文件即可。

将文件拖入

将要打开的文件直接拖曳到打开的PS中，可以直接打开文件。

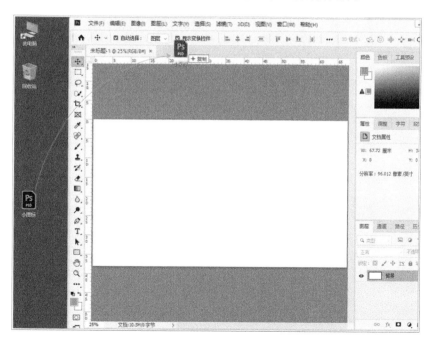

提示

如果用拖曳的方式打开新文件，需要将新文件拖到标签栏附近，当出现"+复制"的标识时，松开鼠标，即可打开文件；如果将文件拖曳到文件编辑区，则会在已打开的文件中进行置入操作，并不会打开新文件。

2.存储文件

PS有多种存储格式，其中常用的存储格式有PSD、JPG、PDF、PNG、TIFF、BMP、GIF、EPS等。

PSD

PSD格式是PS的官方格式，一般称为分层源文件，可保存在PS中进行的所有操作。

JPG

JPG格式是一种常见的图像格式，也是一种压缩格式，可以通过控制压缩比来控制图像占用空间的大小，在外观上对清晰度的影响不会特别明显。

PDF

PDF是一种跨平台、跨应用程序的文件格式，是电子文档发行和数字化信息传播的理想文件格式。

PNG

PNG格式是一种常用的图像文件存储格式，采用无损压缩算法，常用于网络。

TIFF

TIFF非常灵活，它支持图层、支持无损压缩或有损压缩、支持透明，应用范围十分广泛。

BMP

BMP格式是一种非压缩图片格式，也就是说，它可以高保真地还原图片的原始效果，常用于网络。不过，如果将图片保存为BMP格式，则不能对图片进行分层编辑。

GIF

GIF分为静态GIF和动态GIF，是一种压缩位图格式。如果直接将照片保存成GIF，图像会明显失真。它支持透明背景图像。

EPS

EPS格式为矢量格式，图像不会失真，在印刷领域比较常用。

1.5 实战案例：DIY你的专属表情包

学习了前面的知识，我们尝试做一个表情包。

1. 新建文档

执行"文件">"新建"命令（快捷键为 Ctrl + N ），新建一个矩形画布，尺寸为30厘米×28厘米，"方向"为横向，"分辨率"为72像素/英寸，"颜色模式"为"RGB颜色"，其他选项按照右图设置。

2. 导入图片

按 Ctrl + O 快捷键，打开本书学习资源中的"素材文件\第1章\DIY你的专属表情包"。按住 Shift 键同时选中多张图片，将其拖曳到文件编辑区，然后依次按 Enter 键或者双击图片进行确定。也可执行"文件">"置入嵌入对象"命令，打开准备好的文件。

单击"创建"按钮即可新建矩形画布

"01"图层

"02"图层

"03"图层

"04"图层

"05"图层

"06"图层

提示

有些图层显示"棋盘格",表示这是含透明区域的图层。直接观察堆叠在一起的图层有些不直观,为了便于读者理解,这里将图层拆解开,从不同的角度来观察各图层及堆叠效果。

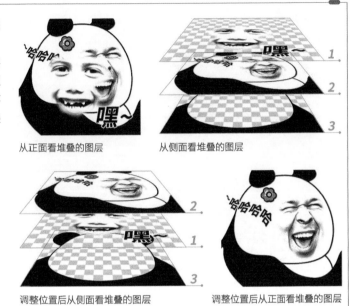

从正面看堆叠的图层　　　　　从侧面看堆叠的图层

调整位置后从侧面看堆叠的图层　　　　　调整位置后从正面看堆叠的图层

3. 调整图层顺序

　　选择"02"和"03"图层,将其拖曳到"06"图层上方,并单击"02"和"03"图层左侧的 ◎ 图标,隐藏这两个图层。

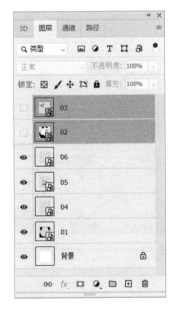

4. 进一步调整图层顺序

观察上图可发现图中存在一个黄点 ，单击黄点可得知，其所在图层为"04"图层。可将该图层移动到"03"图层上方，并进行隐藏。

5. 显示之前隐藏的图层

单击"02"至"04"图层左侧 图标显示的位置，显示这几个图层。

单击"02"图层左侧 图标显示的位置，按住 Shift 键不放，向上拖曳，即可依次显示"02"至"04"图层左侧的 图标

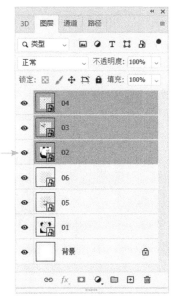

6. 图层分组

单击"图层"面板下方的"创建新组"按钮□，创建两个组，分别命名为"嘿"和"哈哈哈"。

7. 查看"嘿"图层组

将"哈哈哈"图层组和背景图层隐藏，会发现"嘿"图层组是透明的。

8. 导出表情包

"嘿"图层组显示的图像是透明的，可存储为PNG格式；"哈哈哈"图层组显示的图像不是透明的，可存储为JPG格式。执行"文件">"储存为"命令（快捷键为 Ctrl + Shift + S）存储图片。

PNG格式

JPG格式

02

看我"百般变化"："图层"面板与混合模式

"图层"面板和图层混合模式关系密切，混合模式用于控制当前图层中的像素与下面图层中像素的混合方式，除了背景图层外，其他图层都可以使用混合模式。

2.1　了解"图层"面板

2.2　混合模式的构成

2.3　实战案例：双重曝光

2.1 了解"图层"面板

PS可以用于写字、置入图片、绘制形状，PS中的不同元素会应用到不同图层中。可将图层理解为创意元素本身，我们需要在设计中随时改变创意元素的前后位置。如果其中某个元素出现了问题，只需单独在相应的图层上进行修改，无须重新绘制，这大大增加了操作的便利性。

1. 图层类型

以本书学习资源"素材文件\第2章\向日葵"为例进行介绍。

在"图层"面板中，可以观察到不同图层的样式有所不同。图层类型主要包括背景图层、填充图层、3D图层、视频图层、普通图层、调整图层、文字图层、智能对象图层、形状图层等。此外，还有便于管理的图层组。

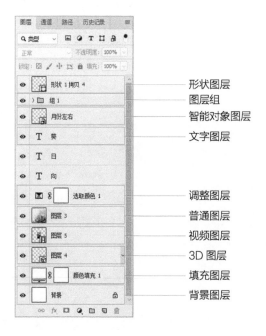

背景图层

背景图层作为"图层"面板中底部的图层,始终处于锁定状态。这表明我们将无法更改其堆叠顺序、混合模式或不透明度。如果想操作该图层,需要单击右侧的🔒图标,把它转换为普通图层。

填充图层

填充图层是一种带蒙版的图层,可以用纯色、渐变色、图案进行填充,不会对该图层下面的图层产生影响。

3D图层

3D图层可以在图片上制作出具有3D视觉效果的图片,这个功能相对来说不太常用。

视频图层

向PS内置入视频,即可生成视频图层。

普通图层

普通图层可进行多种操作,包括调整不透明度、修改尺寸、调整顺序等。

调整图层

调整图层在美化图片的时候用处很大,它可以在不破坏原图的情况下,更改图像的亮度、对比度、饱和度等。

文字图层

文字图层是绘制文本框时自动生成的图层。通过文字工具,可以对图层中的文字内容进行修改。

智能对象图层

智能对象图层可以达到无损处理的效果,这是它的特点和优势。该图层可以保护图片源内容和特性,可以对图层进行非破坏性的编辑。

形状图层

形状图层是绘制图形时自动生成的图层,在变换尺寸的时候不会变模糊。在用PS绘制某种形状时,可以某种矢量格式保存图形。

图层组

图层组可以归纳和整理图层。如果图层过多,会为操作带来很大不便,图层组可以让图层内容一目了然,操作起来更为便捷。

2. 图层编辑

PS图层的编辑是进行其他操作的基础,也是很重要的常用功能。下面讲解图层的各种操作方法。

新建图层

执行"图层">"新建"命令可以创建背景图层（没有背景图层时才可创建）、普通图层和图层组。

> **提示**
> 在创建普通图层时，使用快捷键 [Ctrl] + [Shift] + [N] 可设置图层选项，使用快捷键 [Ctrl] + [Shift] + [Alt] + [N] 可直接创建图层。

想要创建填充图层，在"图层">"新建填充图层"子菜单里选择自己想要的填充模式，然后在弹出的对话框中单击"确定"按钮即可。

想要创建调整图层，在"图层">"新建调整图层"子菜单里选择对应的模式，然后在弹出的对话框中单击"确定"按钮即可。

> **提示**
> 图层（背景图层除外）除了以上创建方法外，还有更为简便的创建方法：在"图层"面板下方，单击"创建新图层"按钮 或"创建新组"按钮 ，即可新建的普通图层或图层组；单击 按钮，即可新建填充图层或调整图层。
> 按住 [Alt] 键，单击"图层"面板中的"创建新图层"按钮 或"创建新组"按钮 ，弹出"新建图层"对话框，可设置图层选项；按住 [Ctrl] 键，单击"图层"面板中的"创建新图层"按钮 或"创建新组"按钮 ，可以在当前选中的图层下方添加一个图层或图层组。
>
>
>
> 　　　　新建填充图层　　新建调整图层

想要创建文字图层，在工具栏中选择文字工具，在适当的位置单击即可开始输入文字。

想要创建形状图层，在工具栏中选择形状工具，在适当的位置拖曳即可。

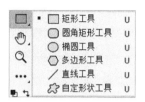

想要创建智能对象图层，可执行"图层">"智能对象">"转换为智能对象"命令。

提示

在原有的文件中重新导入一张图片，按 Enter 键确认，默认状态下，PS 会自动创建一个新的"智能对象图层"。

当然，也可以在"图层"面板中任意选中一个或多个对象，如选择"葵"这个文字图层，然后单击鼠标右键，选择"转换为智能对象"命令，即可将相应图层转换为智能对象。

选择图层

　　单击"图层"面板中的任意一个图层,即可选中该图层。

　　如果要选择多个相邻的图层,可以单击要选择的第一个图层,然后按住 Shift 键单击要选择的最后一个图层;如果要选择多个不相邻的图层,可以按住 Ctrl 键单击想要选中的图层。

　　如果要选择所有图层,可执行"选择">"所有图层"命令(快捷键为 Ctrl + Alt + A);如果想要取消选择图层,可执行"选择">"取消选择图层"命令,也可以在文件编辑区空白处单击。

复制图层

　　如果需要复制图层,可执行"图层">"复制图层"命令,然后在弹出的"复制图层"对话框中单击"确定"按钮。

也可在"图层"面板中选择想要复制的图层，将其拖曳到"创建新图层"按钮上。除此之外，还可以使用 Ctrl+J 快捷键快速复制图层，或者按住 Alt 键，用鼠标左键选择图层并拖曳以快速复制图层，这两种方法比较常用。

拖曳到"创建新图层"按钮上复制

按住 Alt 键拖曳

链接图层

链接图层可以进行多个图层的同时移动、应用变换等操作。选中想要链接在一起的图层，执行"图层">"链接图层"命令，即可完成操作。进行此操作后的图层后面会出现图标。

也可以选择想要链接在一起的图层，单击鼠标右键，选择"链接图层"命令；如果想要取消图层链接，选择已经链接在一起的图层，单击鼠标右键，选择"取消图层链接"命令即可。

除此之外，最常用的方式是选中想要链接在一起的图层，单击"图层"面板下方的"链接图层"按钮。

修改图层名称和颜色

　　在"图层"面板选中相应的图层，执行"图层">"重命名图层"命令，当图层名称的底色变为蓝色，即可输入文字修改图层名称。此外，双击图层名称也可修改图层名称。

　　在"图层"面板选择一个或多个图层，单击鼠标右键，在弹出的菜单中选择一种颜色，即可修改图层颜色。

显示与隐藏图层

　　图层的显示与隐藏由图层左侧的 👁 图标控制，可以选择一个或多个图层，执行"图层">"隐藏图层"或"显示图层"命令来隐藏或显示图层。当然，也可用 Ctrl + , 快捷键来操作。

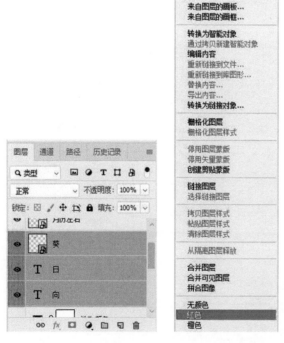

在默认状态下，图层左侧的 图标为显示的状态，单击 图标可隐藏图层，再次单击则重新显示图层。按住鼠标左键不松开，沿着 图标的位置向上或向下拖动鼠标，即可快速隐藏或显示多个相邻的图层。

按住 Alt 键单击某个图层的 图标，即可隐藏其他图层，单独显示这个图层。

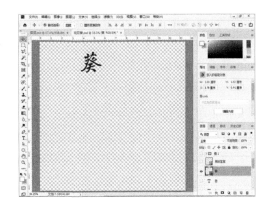

锁定图层

选择一个图层或图层组，执行"图层">"锁定图层"命令，即可选择锁定部分图层或全部图层，快捷键为 Ctrl + / 。

单击"图层"面板中的"锁定全部"按钮，锁定中的图层右侧将显示 图标；也可以选择部分锁定（如锁定位置），锁定中的图层右侧将显示 图标。

锁定透明像素 ：将编辑范围限制在图层的不透明部分。

锁定图像像素 ：不能在图层上进行绘画、擦除和应用滤镜等操作。

锁定位置 ：防止图层的图像移动。

防止在画板和画框内外自动嵌套 ：单击该按钮后，当使用移动工具将画板内的图层或图层组移出画板的边缘时，被移动的图层或图层组不会脱离画板。

隔离图层

执行"选择">"隔离图层"命令，可以将需要修改的一个或多个图层单独分离出来。

当图层数量过多不方便查找时，隔离图层能为操作带来很大便利。单击"图层"面板左上角的类型下拉按钮，可让选择的图层以选定、类型、名称、效果等方式进行隔离。

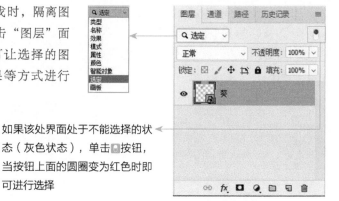

如果该处界面处于不能选择的状态（灰色状态），单击 🔒 按钮，当按钮上面的圆圈变为红色时即可进行选择

删除图层

选择一个或多个图层或图层组，执行"图层">"删除"命令，可删除图层或者隐藏图层，快捷键为 Delete 或者 Back space ，这是最常用的方式。

将需要删除的图层拖曳到"图层"面板中的"删除图层"按钮 🗑 上，也可删除图层。

智能对象图层/栅格化图层

智能对象图层：可以将各种图层转换为智能对象。执行"图层">"智能对象">"转换为智能对象"命令，即可完成操作。此外，在"图层"面板中选择相应图层，单击鼠标右键，选择"转换为智能对象"命令，也可将图层转换为智能对象。

栅格化图层：执行"图层">"栅格化"命令，可把特殊图层转换为普通图层，如文字图层、形状图层或者智能对象图层，转换完成后不能继续进行文字或形状编辑。此外，在"图层"面板中选择相应图层，单击鼠标右键，选择"栅格化图层"命令，也可将图层栅格化。

2.2 混合模式的构成

混合模式是PS的核心功能，它决定了像素的混合方式，可用于合成图像、制作选区和特殊效果等，不会对图像造成实质性的破坏。系统默认的混合模式分为6个组，可将其分别命名为正常组、变暗组、变亮组、对比组、色异组和颜色组。

在介绍这些模式之前，先讲解以下3个颜色名词。

基色：图像原稿颜色，也就是下层图像的像素颜色。

混合色：通过绘画或编辑工具应用的颜色，也就是上层图像的像素颜色。

结果色：基色与混合色混合后得到的颜色。

了解了这3个颜色名词后，下面具体讲解混合模式中每个模式的呈现效果。

1. 正常组

正常	在"正常"模式下,系统编辑或绘制每个像素,使其成为结果色,这是默认模式。在此模式下,可以通过调节图层不透明度和图层填充值的参数,不同程度地显示下一层的内容。	"正常"100% 不透明度	"正常"50% 不透明度
溶解	在"溶解"模式下,根据任何像素位置的不透明度,结果色由基色或混合色的像素随机替换。	"溶解"100% 不透明度	"溶解"50% 不透明度

2. 变暗组

变暗	查看每个通道中的颜色信息,选择基色或混合色中较暗的颜色作为结果色。比混合色亮的像素被替换,而比混合色暗的像素则保持不变。简单来说就是颜色值越小,颜色越暗。	
正片叠底	查看每个通道中的颜色信息,将基色与混合色进行正片叠底操作,结果色总是较暗。简单来说,显示结果总比原来的要暗,变暗幅度按固定比例(即混合色每加深 10%,结果色就加深 10%)来算。注:任何颜色与黑色正片叠底将产生黑色,任何颜色与白色正片叠底则本身颜色保持不变。	
颜色加深	查看每个通道中的颜色信息,并通过提高二者之间的对比度使基色变暗,以反映混合色,与白色混合后不产生变化。简单来说,这种模式下的图像暗部变暗多,亮部变暗少,从而增加图像的对比度。	
线性加深	查看每个通道中的颜色信息,并通过降低亮度使基色变暗,以反映混合色,与白色混合后不产生变化,与黑色混合变为黑色。简单来说,这种模式下的图像变暗程度较大,亮度会有所降低。	

深色	比较混合色和基色的所有通道值的总和，并显示值较小的颜色。在深色模式下，不会生成第三种颜色，因为它将从基色和混合色中选取最小的通道值来创建结果色，结果色不是基色就是混合色。	

3. 变亮组

变亮	查看每个通道中的颜色信息，并选择基色或混合色中较亮的颜色作为结果色。比混合色暗的像素被替换，比混合色亮的像素保持不变。简单说来就是取各通道的最大值来显示。	
滤色	查看每个通道的颜色信息，并将混合色的互补色与基色进行正片叠底，结果色总是较亮的颜色。 注：用黑色过滤时颜色保持不变，用白色过滤将产生白色。通过该模式转换后的图像颜色通常很浅，总是呈现较亮的颜色。	
颜色减淡	查看每个通道中的颜色信息，并通过降低二者之间的对比度使基色变亮，以反映混合色，与黑色混合不发生变化。简单说来，使用该模式会使亮的部分变亮较多，暗的部分变亮较少，从而降低对比度。	
线性减淡（添加）	查看每个通道中的颜色信息，并通过增加亮度使基色变亮，以反映混合色，与黑色混合不发生变化。简单来说就是整体以增强亮度的方式让画面的变化程度增大。	
浅色	比较混合色和基色的所有通道值的总和，并显示值较大的颜色。浅色模式不会生成第三种颜色，因为它将从基色和混合色中选取最大的通道值来创建结果色，结果色不是基色就是混合色。	

4. 对比组

叠加	"叠加"模式是正片叠底模式和滤色模式的结合体。该模式是将混合色与基色相互叠加，也就是说下层图像控制着上面的图层，可以使之变亮或变暗。比50%暗的区域将采用正片叠底模式变暗，比50%亮的区域则采用滤色模式变亮。	
柔光	50%灰度对下层色不产生任何效果，亮度暗于50%灰度的区域变暗，亮度亮于50%灰度的区域变亮。简单来说，在柔光模式下，图像颜色变暗或变亮，具体取决于混合色。	
强光	如果混合色比50%灰色亮，则图像变亮，就像过滤后的效果，这非常适用于为图像添加高光；如果混合色比50%灰色暗，则图像变暗，就像正片叠底后的效果，这非常适用于为图像添加阴影。用黑色或白色上色，会产生黑色或白色。简单来说，在强光模式下，图像最终呈现正片叠底的效果，还是滤色的效果，由混合色决定。	
亮光	"亮光"模式通过增强或降低对比度来加深或减淡颜色，具体取决于混合色。如果混合色比50%灰色亮，则通过降低对比度使图像变亮；如果混合色比50%灰色暗，则通过增加对比度使图像变暗。简单来说，在亮光模式下，图像颜色加深或颜色减淡，由混合色决定。	
线性光	"线性光"模式通过降低或增强亮度来加深或减淡颜色，具体取决于混合色。如果混合色比50%灰色亮，则通过增强亮度使图像变亮；如果混合色比50%灰色暗，则通过降低亮度使图像变暗。简单来说，在线性光模式下，图像颜色加深或颜色减淡，由混合色决定。	
点光	"点光"模式根据混合色替换颜色。如果混合色比50%灰色亮，则替换比混合色暗的像素，而比混合色亮的像素保持不变；如果混合色比50%灰色暗，则替换比混合色亮的像素，而比混合色暗的像素保持不变。这非常适用于为图像添加特殊效果。	
实色混合	"实色混合"模式将混合颜色的红色、绿色和蓝色通道值添加到基色的RGB值中。如果通道的结果总和≥255，则值为255；如果<255，则值为0。因此，所有混合像素的红色、绿色和蓝色通道值要么是0，要么是255。	

5. 色异组

差值	查看每个通道中的颜色信息，并从基色中减去混合色，或从混合色中减去基色，具体怎样操作取决于哪种颜色的亮度值更大。与白色混合会反转基色值，与黑色混合不产生变化。简单来讲，就是用较亮颜色的像素值减去较暗颜色的像素值，所得差值便是图像最后呈现效果的像素值。	
排除	"排除"模式可呈现一种与差值模式相似，但对比度更低的效果。与白色混合将反转基色值，与黑色混合不发生变化。	
减去	查看每个通道中的颜色信息，并从基色中减去混合色。	
划分	查看每个通道中的颜色信息，并从基色中划分混合色。	

6. 颜色组

色相	用基色的明亮度和饱和度及混合色的色相创建结果色。	
饱和度	用基色的明亮度和色相及混合色的饱和度创建结果色。在无饱和度（灰度）区域用此模式绘画不会产生任何变化。	

颜色	用基色的明亮度及混合色的色相和饱和度创建结果色。这样可以保留图像中的灰阶，同时非常适用于为单色图像上色和彩色图像着色。	
明度	用基色的色相和饱和度及混合色的明亮度创建结果色。此模式的呈现效果与颜色模式相反。	

2.3 实战案例：双重曝光

了解了图片的混合模式后，下面通过案例来了解混合模式的应用方法。

1. 新建文档

执行"文件">"新建"命令（快捷键为 Ctrl + N ），新建一个尺寸为60厘米×90厘米、"分辨率"为200像素/英寸的矩形画布。

2. 导入图片

按 Ctrl + O 快捷键，打开本书学习资源中的"素材文件\第2章\双重曝光"文件夹。将"背景""黑白人物"和"浅色人物"图片拖曳到PS中。

背景

> **提示**
> 要根据不同场景选择相应的尺寸和分辨率。

黑白人物

浅色人物

3. 设置图层模式1

将"浅色人物"图层的混合模式改为"颜色"。

4. 设置图层模式2

依次导入"白云"和"骑马"图片,并将"骑马"图片所在图层的混合模式改为"变亮"。

提示

此处图层混合模式可从变亮组中依个人喜好进行选择,这里选择"变亮"模式。

5. 设置图层模式3

依次导入"小森林1"和"小森林2"图片，按住 `Shift` 键将这两张图片所在的图层同时选中，然后将这两个图层的混合模式改为"滤色"。

6. 设置图层模式4

导入"光效"素材，把该图层的混合模式改为"颜色减淡"。

提示

通常光效会设置为"滤色"模式，但此处不太明显，可选择"颜色减淡"模式或"线性减淡（添加）"模式。

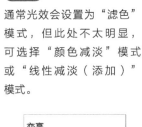

7. 导入其他素材

依次导入文字和装饰素材，双重曝光效果制作完成。

03

精雕细琢，静待花开：图层样式

图层样式可以为图层中的图像添加投影、发光、浮雕和描边等效果，这些效果能以非破坏性的方式更改图像的外观。图层样式可以随时修改、隐藏或删除，非常灵活。

3.1 图层样式的调节

可为图层或图层组应用一种或多种图层样式。选择一个图层或图层组，执行"图层">"图层样式"命令，即可选择一个或多个样式进行操作。也可以在"图层"面板中单击"添加图层样式"按钮 fx 进行设置。

单击"添加图层样式"按钮 fx 可出现下图所示的选项。

除此之外，常用的方式是选择一个图层或图层组，双击右侧的空白处（下图蓝色框内区域），可以弹出"图层样式"对话框。然后选择合适的效果进行详细设置。

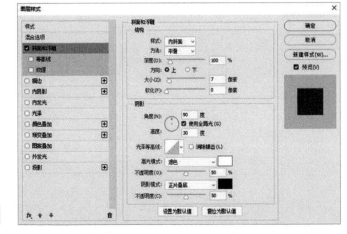

1. 斜面和浮雕

"斜面和浮雕"效果可以为图层添加高光与阴影，体现凹凸的显示效果。

> **提示**
>
> 添加图层样式前的原图如右图所示，效果图尺寸为1600像素x1600像素，"分辨率"为72像素/英寸，"颜色模式"为RGB模式。

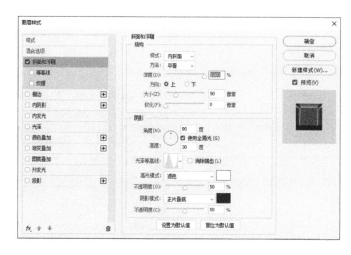

等高线

勾选左侧列表中的"等高线"可以勾画在"斜面和浮雕"效果处理中被遮住的起伏、凹陷和凸起，其最终显示效果由"等高线"选项和"范围"值决定。

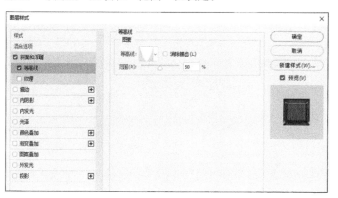

纹理

勾选"纹理"可以在已有的"斜面和浮雕"效果基础上应用一种纹理。

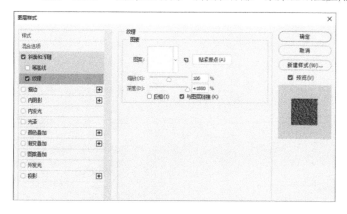

2. 描边

"描边"效果可以使用颜色、渐变或图案在当前图层上描画对象的轮廓。

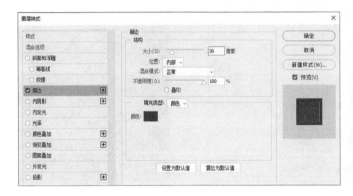

3. 内阴影

"内阴影"效果可以紧靠在图层边缘的内侧添加阴影，使图层呈现凹陷的显示效果。

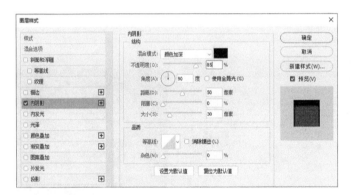

4. 内发光

"内发光"效果可以沿图层内容的边缘创建向内发光的显示效果。

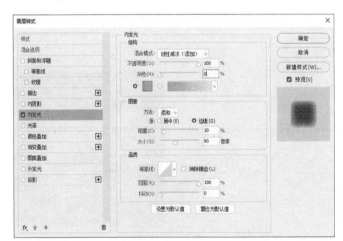

5. 光泽

"光泽"效果可以生成光滑的内部阴影，通常用来创建金属表面的光泽外观，是用来增强其他效果的，很少单独使用。使用该效果时，可以通过选择不同的等高线来改变光泽的样式。

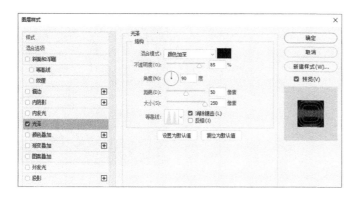

6. 颜色叠加

"颜色叠加"效果可以用纯色填充图层内容。

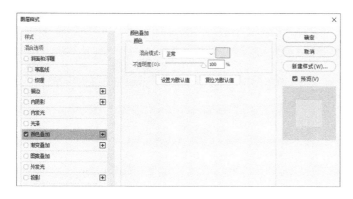

7. 渐变叠加

"渐变叠加"效果可以用渐变色填充图层内容。

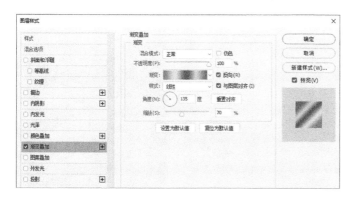

8. 图案叠加

"图案叠加"效果可以用图案填充图层内容。

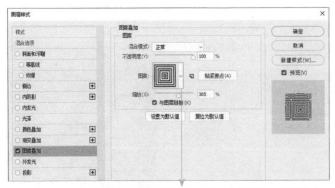

在此处展开的面板右上方有一个 ⚙ 按钮，单击该按
钮，可以新建图案，此处为新建的图案

9. 外发光

"外发光"效果可以沿图层内容的边缘创建向外发光的显示效果。

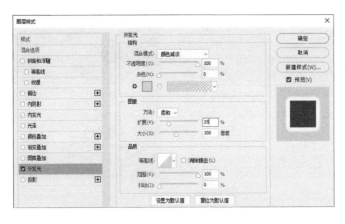

10. 投影

"投影"效果可为图层内容后方添加阴影。

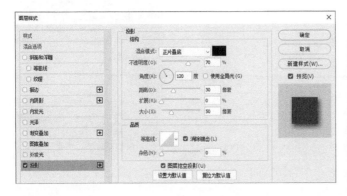

图层挖空投影

　　"图层挖空投影"复选框可控制半透明图层中投影的可视性。在默认情况下，该复选框是勾选状态。该设置只有在"混合选项"中的"填充不透明度"小于100%时才有意义。

正常效果

"填充不透明度"为0%

取消勾选"图层挖空投影"

11.　操作按钮

"新增重复样式"按钮

　　"新增重复样式"按钮⊞可以新增相同效果，如做两层"内阴影"效果。

"添加图层样式"按钮

　　单击"添加图层样式"按钮ƒx，可弹出下拉列表。

选项	作用	操作后
	选择"显示所有效果"命令,可以快速恢复删除的效果	
	选择"删除隐藏的效果"命令,可以把没用上的效果全部删除	
	选择"复位到默认列表"命令,可以把所有的效果恢复到默认值	

"向上移动效果"按钮和"向下移动效果"按钮

　　在单击"新增重复样式"按钮图新增相同效果后,可通过单击"图层"面板下方的"向上移动效果"按钮▲、"向下移动效果"按钮▼来确定相同效果的前后顺序。下方有相同样式时,"向下移动效果"按钮可用;上方有相同样式时,"向上移动效果"按钮可用。

"删除效果"按钮

　　"删除效果"按钮图用于删除某个效果。

3.2 图层样式的更多应用

下面介绍图层样式的其他应用。

1. 制作透明效果

想要制作透明效果，可以先在"图层样式"对话框"混合选项"中把"填充不透明度"调整为0%，再添加图层样式。

原效果

"填充不透明度"降为 0% 的效果

> **提示**
>
> 制作透明、立体或者其他效果只需要调整"填充不透明度"为0%，如果把"不透明度"降为0%，那将会没有任何效果。
>
>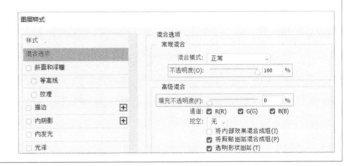

2. 其他相关操作

执行"图层">"图层样式"命令，可以看到更多操作选项，包括"拷贝图层样式""粘贴图层样式""清除图层样式"等。

在"图层"面板中选择一个图层，单击鼠标右键，选择"拷贝图层样式"命令，再选择一个或多个图层可进行"粘贴图层样式"的操作。"清除图层样式"即删除不需要的图层样式。

除了上面提到的操作方式，更快捷的方式是，按住 Alt 键选中想要的样式，将其拖曳到另一个图层上，进行复制、粘贴的操作；找到图层直接选中相应的样式，将其拖曳到"删除效果"按钮 上进行删除。

3.3 实战案例：展现炫彩透明文字效果

图层样式的应用是十分多样的，下面应用基本的图层样式制作炫彩透明文字效果。

1. 新建文档

执行"文件">"新建"命令（快捷键为 Ctrl + N），新建一个尺寸为60厘米×90厘米、"分辨率"为72像素/英寸的矩形画布。

2. 导入底图

按 Ctrl + O 快捷键，打开本书学习资源中的"素材文件\第3章\展现炫彩透明文字效果"文件夹，将"底图"图片拖曳到文件编辑区，在"图层"面板生成"底图"图层。

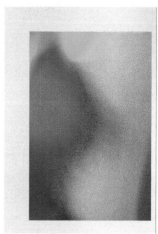

3. 导入数字素材

导入"数字"图片文件，在"图层"面板生成"数字"图层。

4. 设置填充不透明度

双击"数字"图层右侧的空白处，在弹出的"图层样式"对话框中设置"混合选项"中的"填充不透明度"为0%。

5. 设置斜面和浮雕

勾选"斜面和浮雕"，设置"深度"为1000%，"大小"为30像素，"高度"为35度，"光泽等高线"为 ，"高光模式"为"线性减淡（添加）"，高光的"不透明度"为100%，阴影的"不透明度"为0%。

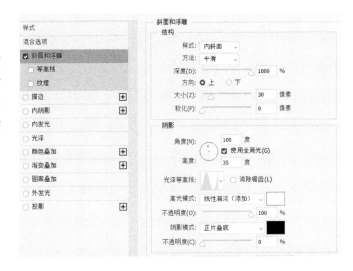

勾选"等高线"，设置"等高线"为 ，"范围"为100%。

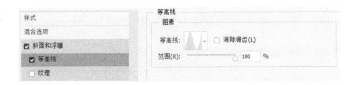

调整后的数字变得更透明，轮廓呈现出高光的效果，"数字"图层下方会显示"斜面和浮雕"效果。

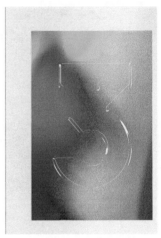

6. 设置内阴影

勾选"内阴影"，设置"混合模式"为"颜色加深"，"不透明度"为60%，"距离"为10像素，"大小"为40像素。

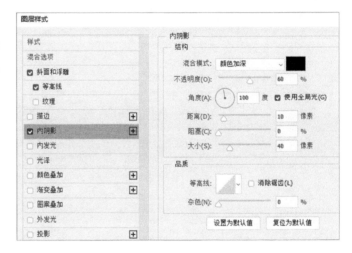

如果想进一步加深效果，可单击左侧列表中"内阴影"右侧的"新增重复样式"按钮▣，继续添加"内阴影"效果。

添加新的"内阴影"效果后，需要单击"复位为默认值"按钮，将内阴影参数复位为默认值后再进行设置

设置"混合模式"为"线性加深"，"不透明度"为20%，"距离"为5像素，"大小"为30像素。

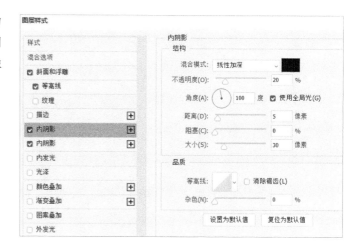

调整后的数字轮廓出现投影，变得更加立体，"数字"图层下方会显示两个"内阴影"效果。

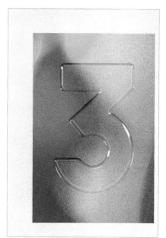

7. 设置光泽

勾选"光泽"，设置"混合模式"为"线性减淡（添加）"，"颜色"为较亮的颜色，"不透明度"为15%，"距离"为5像素，"大小"为50像素。

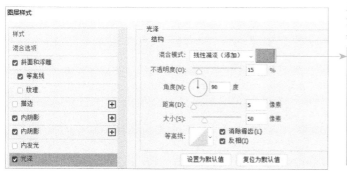

单击颜色色块，弹出"拾色器（光泽颜色）"对话框，可用吸管工具在图片上吸取颜色

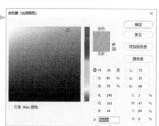

调整后的数字变亮，且更具有光泽感，"数字"图层下方会显示"光泽"效果。

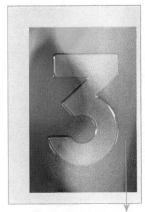

可用吸管吸取这里的颜色

8. 设置投影

勾选"投影"，设置"混合模式"为"线性加深"，"不透明度"为20%，"距离"为75像素，"大小"为90像素。

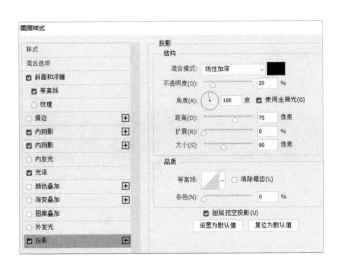

新建一个"投影"效果，设置"混合模式"为"线性减淡（添加）"，"颜色"为白色，"不透明度"为40%，"距离"为10像素，"大小"为40像素。

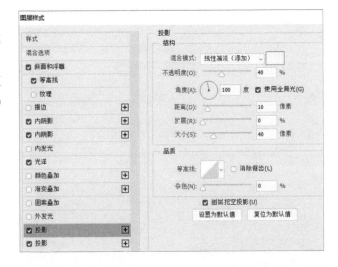

调整后的数字变得更加立体，"数字"图层下方会显示两个"投影"效果。

9. 复制"数字"图层

为了进一步加强效果，按住 Alt 键，向上拖曳"数字"图层，即可复制图层，命名为"数字 拷贝"。然后在"数字 拷贝"图层的空白处单击鼠标右键，选择"清除图层样式"命令，并设置"填充"为0%。

10. 设置斜面和浮雕

从这一步开始设置"数字 拷贝"图层的图层样式。打开"图层样式"对话框，勾选"斜面和浮雕"，设置"深度"为700%，"大小"为75像素，"软化"为5像素，"高度"为35度，"光泽等高线"为 ，"高光模式"为"滤色"。

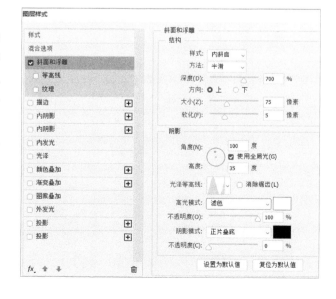

勾选"等高线",设置"等高线"为 ,"范围"为30%。

调整后的数字更具有光泽感,"数字 拷贝"图层下方会显示"斜面和浮雕"效果。

11. 设置光泽

勾选"光泽",设置"颜色"为白色,"不透明度"为15%,"距离"为5像素,"大小"为20像素,然后取消勾选"反相"复选框。

这一步的操作实现了照亮数字边缘的显示效果,"数字 拷贝"图层下方会显示"光泽"效果。

12. 设置渐变叠加

如果感觉效果不够通透，可以添加一个"渐变叠加"效果。设置"混合模式"为"线性减淡（添加）"，"不透明度"为5%，"渐变"为任意颜色，"角度"为20度。

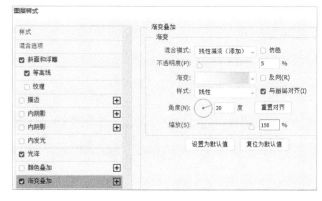

调整后的数字变得更加通透，"数字 拷贝"图层下方会显示"渐变叠加"效果。

13. 导入文字

导入"文字"素材，完成效果的制作。

04

得心应手操作
PS画布：基础工具

本章讲解工具栏的应用。工具栏中有各式各样的工具，
本章从基础工具开始，由浅入深地讲解。

4.1　视图调整

要想学好PS，第一步就是让画布能够在你的手里缩放自如。在左侧工具栏中有3个工具和视图移动、缩放、旋转有关，它们分别是抓手工具、旋转视图工具和缩放工具。

1.　抓手工具

抓手工具🖐的快捷键为H。

按住Alt键，并滚动鼠标滚轮缩放视图，将视图调整到合适大小。然后选择抓手工具🖐或按H键，按住鼠标左键拖曳，可以自由移动视图。

原图　　　　　　　　　　　向左拖曳　　　　　　　　　　继续向左拖曳

单击工具选项栏中的"适合屏幕"或"填充屏幕"按钮，可以快速调整视图的大小。

> **提示**
>
> 双击抓手工具图标，可以快速调整视图以适应窗口大小。

2.　旋转视图工具

旋转视图工具🔄的快捷键为R。选择旋转视图工具🔄或按R键，按住鼠标左键拖曳，可以自由旋转视图。

原图　　　　　　　　　　　旋转45°　　　　　　　　　　旋转90°

工具选项栏中的"旋转角度"会显示旋转的角度，直接填入需要旋转的角度可以调整视图；单击工具选项栏中的"复位视图"按钮，可以将视图复位。

3. 缩放工具

缩放工具🔍的快捷键为⦉Z⦊。选择缩放工具🔍或按⦉Z⦊键，显示放大图标🔍，按住⦉Alt⦊键单击显示缩小图标🔍。

原图　　　　　　　　　　　　　放大　　　　　　　　　　　　放大后再缩小

单击可以放大视图；连续单击可以快速放大视图。按住⦉Alt⦊键的同时单击，可以缩小视图；按住⦉Alt⦊键的同时连续单击，可以快速缩小视图。

> **提示**
>
> 在实际操作中，抓手工具和缩放工具的使用频次并不高，这是因为在PS中，有更快捷的移动、缩放视图的方法。
> 1.按住⦉Alt⦊键的同时滚动鼠标滚轮，可以鼠标指针的位置为中心放大或缩小视图，相当于缩放工具的功能。
> 2.按住空格键，再按住鼠标左键拖曳，可以移动视图，相当于抓手工具的功能。
> 部分新版本直接滚动鼠标滚轮就可以缩放视图，可在菜单栏的"编辑">"首选项">"工具"中进行具体设置。

4.2　对齐与分布功能

学会移动视图之后，细心的你大概发现了，视图的移动并不会影响画布内图片的相对位置和相对大小。那究竟该怎么通过修改内容来实现更美观的设计呢？这便会涉及另一个重要工具——移动工具。

1. 移动工具

移动工具✛的快捷键为⦉V⦊。选择移动工具✛或按⦉V⦊键，图标显示为▶。按住鼠标左键拖曳，可以自由移动对象。通过移动工具可以快速完成内容的排版。

2. 对齐不同图层上的对象

有时图层比较多，图片位置相对不规则，很难依次把它们移到在同一水平线或同一垂直线上，这时可借助对齐功能来让它们看起来整整齐齐。

选择移动工具，绘制选区选择多个图层，单击工具选项栏中的"左对齐"按钮，可以让多个被选中图层中的对象左对齐，其他对齐方式同理。

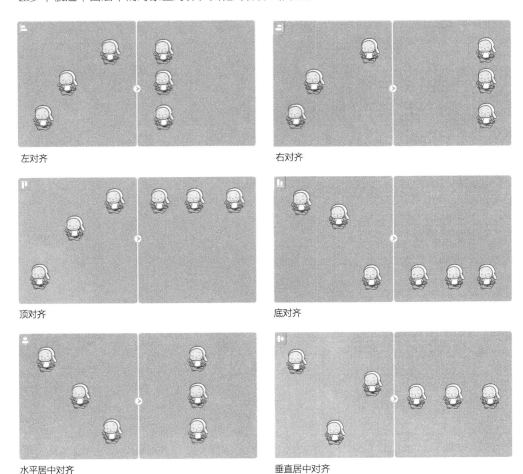

左对齐　　　　　　　　　　　　　　　　　　右对齐

顶对齐　　　　　　　　　　　　　　　　　　底对齐

水平居中对齐　　　　　　　　　　　　　　　垂直居中对齐

利用选区对齐不同图层上的对象

单纯的对齐功能有时不那么方便，可以通过建立选区的方式，让不同图层上的对象按照设定好的基准线对齐，**使用这个方法可以对齐图像中任何指定的点。该操作需要和选区工具配合使用。**

以左对齐为例，先选择矩形选框工具，绘制选区（没有选区会变成以图像左端为基准对齐），再选择移动工具，选择多个需要对齐的图层。在工具选项栏单击相应的对齐按钮，所有图层的对象会与选区以相应的对齐方式对齐。

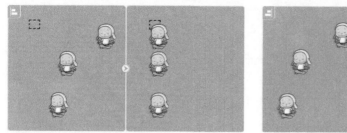

左对齐　　　　　　　　　　　　　　　　右对齐

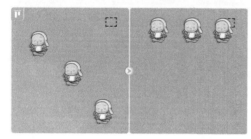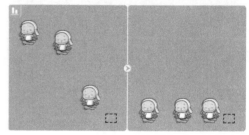

顶对齐　　　　　　　　　　　　　　　　底对齐

3.　水平分布与垂直分布

　　仅仅对齐还不够，有时候需要让多个对象整齐地分布在画布中，就像队列一样，每个对象之间的距离相等。在PS中，有相应的分布功能。

水平分布（间距相等）

　　选择移动工具，绘制选区，选择多个图层，在工具选项栏中单击"垂直分布"按钮，可以将对象上下间距相等地均匀分布；单击"水平分布"按钮，可以将对象左右间距相等地均匀分布。

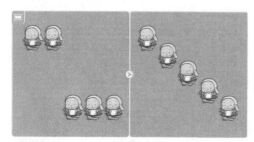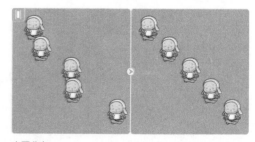

垂直分布　　　　　　　　　　　　　　　水平分布

4.3 变换与自由变换功能

很多时候仅仅把素材移动到合适的位置还不够，还需要通过调整素材的大小、形状等，达到更加丰富和真实的视觉效果。

1. 变换

选择图层后，在菜单栏中选择"编辑">"变换"，可看到"缩放""旋转""斜切""扭曲""透视""变形"等命令。选择不同命令，可以调整相应图层的状态。

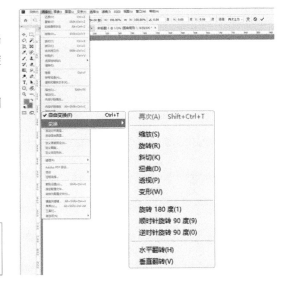

> **提示**
> 所有类型的变换，都可以在工具选项栏中调整参数，以获得准确的变换效果。

缩放

选择"缩放"命令，将鼠标指针放在蓝色边框附近，当指针变成双向箭头图标 时，可以缩放素材，上下左右调整好图像缩放大小后按 Enter 键确认。

> **提示**
> 如果工具选项栏中的"保持长宽比"按钮 处于选中状态，当拖曳蓝色边框时，图像会按比例缩放。
> 如果工具选项栏中的"保持长宽比"按钮 处于未选中状态，当拖曳蓝色边框时，图像不会按比例缩放。
> 按住 Shift 键可以按当前比例缩放，不按住 Shift 键则不会按当前比例缩放。

旋转

选择"旋转"命令，将鼠标指针放在蓝色边框附近，当指针变成弯曲的双向箭头 时，可以旋转素材，调整完成后按 Enter 键确认。

> **提示**
> 按住 Shift 键的同时旋转，可以限制素材以15°的角度 为增量进行旋转。

斜切

选择"斜切"命令，将鼠标指针放在蓝色边框附近，当指针变成 或 时，可以水平或垂直倾斜素材，调整完成后按 Enter 键确认。

扭曲

选择"扭曲"命令，将鼠标指针放在蓝色边框附近，当指针变成 时，可以自由伸展蓝色边框，调整完成后按 Enter 键确认。

透视

选择"透视"命令，用鼠标按住蓝色边框的顶点并拖曳，可以应用透视效果，调整完成后按 Enter 键确认。

变形

选择"变形"命令，默认为"自定"变形模式，用鼠标左键拖曳网格上的控制点、线条或区域，可以更改蓝色边框和网格的形状。可以在工具选项栏的"网格"选项 网格:自定 中设置控制点的数量，"默认值"状态下不显示内部控制点。

在变形状态下，除了系统默认的"自定"变形模式，还可以使用其他预设的变形模式。例如，在工具选项栏的"变形"选项中选择"扇形"，可以让素材变为扇形状态，还可以调整参数，让变形效果符合需求。

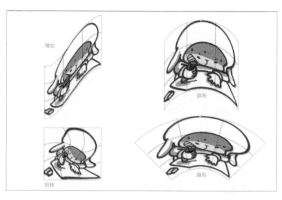

2.　自由变换

自由变换是十分常用的功能。在自由变换状态下，可以调整素材的大小和旋转角度，操作方法同缩放和旋转。

选择图层后，在菜单栏中执行"编辑">"自由变换"命令（快捷键为 Ctrl + T ），可以让素材进入自由变换状态。还可以在素材上单击鼠标右键打开快捷菜单，在快捷菜单中找到"自由变换"命令。

> **提示**
>
> 在完成了一次变换或自由变换的操作之后，可以使用快捷键来重复该变换操作，有时会产生令人惊艳的效果。
>
> 再次变换不复制原图层的快捷键为 Ctrl + Shift + T ，再次变换且复制原图层的快捷键为 Ctrl + Shift + Alt + T 。

4.4　裁剪功能

下面讲解裁剪工具和透视裁剪工具，裁剪工具可以裁切或扩展图像的边缘，透视裁剪工具可以把"歪"的图片剪"正"。

1.　裁剪工具

裁剪工具 的快捷键为 C 。一般在处理照片时会用到，可以起到裁掉画面多余部分、调整画面形状和旋转画面角度的作用。

观察右图可发现，图片中空白区域过多且画面倾斜。

选择裁剪工具▢，将鼠
标指针▢移至图片边缘，当鼠
标指针变成弯曲的双向箭头▢
时，按住鼠标左键拖曳，可以
将图片旋转到合适的角度。然
后拖曳裁剪边框到合适的位
置，按▢Enter▢键确认。

> **提示**
>
> 除了手动拖曳裁剪图片边缘，裁剪工具还可以用更精确的参数控制裁剪区域，在工具选项栏中可以调整这些参数。

2. 透视裁剪工具

透视裁剪工具▢的快捷键也为▢C▢，主要用于校正图像透视。在拍照时，由于近大远小的透视原理，**物体往往看上去有些变形**，这时就可以用透视裁剪工具进行调整。

选择透视裁剪工具▢，此时鼠标指针变为透视图标▢，用鼠标依次单击图片的4个顶点，可以产生裁剪选框。然后按住裁剪选框的顶点进行调整即可，调整完成后按▢Enter▢键确认。

4.5　文字工具和相关面板

在平面设计中，文字排列组合的好坏，直接影响版面的视觉传达效果。

1. 文字工具

文字工具▢的快捷键为▢T▢，常用的是横排文字工具▢和直排文字工具▢。选择横排文字工具▢或直排文字工具▢后，在文件编辑区中单击可以添加横排文字或竖排文字。

2. "字符"面板和"段落"面板

在菜单栏执行"窗口">"字符"/"段落"命令，打开"字符"面板和"段落"面板，可用它们来调整文字格式，以实现丰富的文字版面效果。

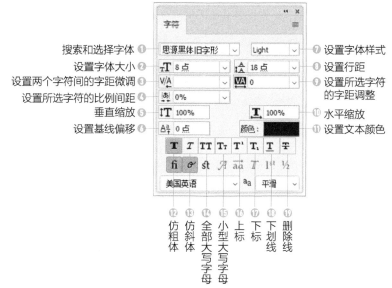

"字符"面板

❶ 搜索和选择字体	上下左右 AaBb	切换其他字体 →	**上下左右 AaBb**
❷ 设置字体大小	上下左右 AaBb	字体变小 →	上下左右 AaBb
❸ 设置两个字符间的字距微调	上下左右 AaBb	字距变大 →	上下左右 A a B b
❹ 设置所选字符的比例间距	上下左右 AaBb	比例间距变为80% →	上下左右 AaBb
❺ 垂直缩放	上下左右 AaBb	缩放150% →	上下左右 AaBb
❻ 设置基线偏移	上下左右 AaBb	偏移5点 →	上下左右 AaBb
❼ 设置字体样式	上下左右 AaBb	字体变粗 →	**上下左右 AaBb**
❽ 设置行距	上下 左右 AaBb	字行距变大 →	上下 左右 AaBb

❾ 设置所选字符的字距调整	上下左右 AaBb	字间距变大 ➡	上下左右 AaBb
❿ 水平缩放	上下左右 AaBb	缩放 130% ➡	上下左右 AaBb
⓫ 设置文本颜色	上下左右 AaBb	更改颜色 ➡	上下左右 AaBb
⓬ 仿粗体	上下左右 AaBb	加粗 ➡	**上下左右 AaBb**
⓭ 仿斜体	上下左右 AaBb	倾斜 ➡	*上下左右 AaBb*
⓮ 全部大写字母	上下左右 AaBb	全部大写 ➡	上下左右 AABB
⓯ 小型大写字母	上下左右 AaBb	全部小型大写 ➡	上下左右 AaBᴮ
⓰ 上标	上下左右 AaBb	上标 ➡	上下左右 ᴬᵃᴮᵇ
⓱ 下标	上下左右 AaBb	下标 ➡	上下左右 ₐₐ₈ᵦ
⓲ 下划线	上下左右 AaBb	下划线 ➡	<u>上下左右 AaBb</u>
⓳ 删除线	上下左右 AaBb	删除线 ➡	~~上下左右 AaBb~~

"段落"面板

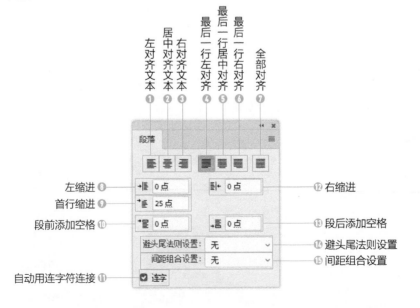

❶ 左对齐文本 将文字左对齐 Adobe Photoshop，简称"PS"，可以有效地进行图片编辑和创造工作	**❷ 居中对齐文本** 将文字居中对齐 Adobe Photoshop，简称"PS"，可以有效地进行图片编辑和创造工作
❸ 右对齐文本 将文字右对齐 Adobe Photoshop，简称"PS"，可以有效地进行图片编辑和创造工作	**❹ 最后一行左对齐** 最后一行左对齐 Adobe Photoshop，简称"PS"，可以有效地进行图片编辑和创造工作
❺ 最后一行居中对齐 最后一行居中对齐 Adobe Photoshop，简称"PS"，可以有效地进行图片编辑和创造工作	**❻ 最后一行右对齐** 最后一行右对齐 Adobe Photoshop，简称"PS"，可以有效地进行图片编辑和创造工作
❼ 全部对齐 对齐包括最后一行的所有行，最后一行强制对齐 Adobe Photoshop， 简 称 "PS"，可 以 有 效 地 进 行 图 片 编 辑 和 创 造 工 作	**❽ 左缩进** 从段落的左边缩进（50点） Adobe Photoshop，简称"PS"，可以有效地进行图片编辑和创造工作
❾ 首行缩进 缩进段落中的首行文字（20点） Adobe Photoshop，简称"PS"，可以有效地进行图片编辑和创造工作	**❿ 段前添加空格** Adobe Photoshop，简称"PS" 使用PS，您能有效地进行图片编辑和创造工作。 PS有很多功能，在图像、图形、文字、视频、出版等各方面都有涉及。
⓫ 自动用连字符连接 该选项确定是否可用连字符连接文字，如果可以，还可确定允许使用的分隔符	**⓬ 右缩进** 从段落的右边缩进（50点） Adobe Photoshop，简称"PS"，可以有效地进行图片编辑和创造工作
⓭ 段后添加空格 Adobe Photoshop，简称"PS" 使用PS，您能有效地进行图片编辑和创造工作。 PS有很多功能，在图像、图形、文字、视频、出版等各方面都有涉及。	**⓮ 避头尾法则设置** 一般标点符号不能出现在句首，设置为"JIS严格"就不会出现这种状况了 Adobe Photoshop，简称"PS"，可以有效地进行图片编辑和创造工作
⓯ 间距组合设置 设置好参数，可以直接选择使用，不用再进行设置	

4.6　实战案例：制作幸福树图文海报

了解了文字工具的功能，下面用文字工具制作一张图文海报。

1.　新建文档

执行"文件">"新建"命令（快捷键为 Ctrl + N），新建一个画布，尺寸为60厘米×90厘米，"分辨率"为150~300像素/英寸（这里设置为150像素/英寸），"颜色模式"为"RGB颜色"。

2.　导入图片

按 Ctrl + O 快捷键，打开本书学习资源中的"素材文件\第4章\制作幸福树图文海报"文件夹。按住 Shift 键选中7张图片（"背景1""春""夏""秋""冬""happy""星星"），并拖曳到文件编辑区。调整图层顺序，让"背景1"图层置于最下方。

背景1　　　　　　　　　　　春　　　　　　夏　　　　　　秋　　　　　　冬

Happy 星星

3. 顶对齐

按住 Shift 键选择"背景1""春""夏""秋""冬"这几个图层，在工具选项栏单击"顶对齐"按钮 。

4. 其他对齐

按住 Ctrl 键选择"背景1"和"冬"图层，在工具选项栏单击"右对齐"按钮 。选择"背景1"和"春"图层，在工具选项栏单击"左对齐"按钮 。然后选择"春""夏""秋""冬"图层，在工具选项栏单击"水平分布"按钮 。

5. 调整图片

如果不想图片中间留白，可依次向左拖曳"夏""秋""冬"图层，去掉留白。接下来选择"春""夏""秋""冬"图层，在工具选项栏单击"顶对齐"按钮 ，然后按 Ctrl + T 快捷键，适当放大图层组合，使图层组合左右边缘和上方边缘对齐"背景1"的边缘。

6. 进一步调整图片

　　同时选择"春""夏""秋""冬"图层并适当向下拖曳,再选择"背景1"图层,在工具选项栏单击"顶对齐"按钮。

7. 输入文字

　　选择横排文字工具,依次录入需要的文字。然后按 Ctrl + T 快捷键,适当放大主体文字"生活明朗"和"万物可爱"。

8. 调整主体文字

　　设置主体文字的字体为"思源宋体 CN","颜色"为35%灰色(颜色不宜用黑色,太过沉重),其他数值可参考下图。这里为了突出主体文字,将其他文字隐藏。

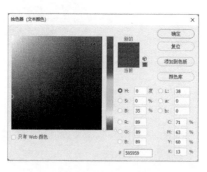

9. 调整其他文字

将"春""夏""秋"字设置为白色，"冬"字设置为绿色。选择移动工具 ，选择文字图层"春"和图片图层"春"，在工具选项栏单击"水平居中对齐"按钮 ，文字"夏""秋""冬"的操作与之相同。然后选择"春""夏""秋""冬"文字图层，按 Ctrl+T 快捷键，将文字移动到树下方。

10. 调整英文单词

将英文单词字体设置为比较文艺的字体并加粗。然后选择文字图层"Spring"和图片图层"春"，在工具选项栏单击"水平居中对齐"按钮 ，其他英文的操作与之相同。

11. 调整英文句子

将"LIFE IS BRIGHT EVERYTHING IS LOVELY"设置为中规中矩的字体，具体字体设置可参考右图的"字符"面板。

12. 调整其他元素

　　将"happy""2022""星星"放在合适的位置，"2022"字体设置可参考右图的"字符"面板。双击"星星"图层右侧的空白处，可弹出"图层样式"对话框，将"颜色叠加"中的颜色调整为与"happy"和"2022"相同的颜色（可直接用吸管工具吸取颜色）。

"2022"字体设置

"星星"颜色设置

13. 完善版面

　　在下方空白处适当添加一些文字，让版面看起来更饱满。这里直接打开本书学习资源中的"素材文件\第4章\制作幸福树图文海报"文件夹，导入"其他文字"图片即可。

05

想画对不如先
选对：选区工具

选区是完成图像合成的重要功能，在PS软件中应用非

常广泛。

控制范围

　　"控制范围"可以控制填充、涂抹、调色、复制和删除等操作的范围。选区选中的区域可以进行操作，选区以外的区域无法进行操作。

原图　　　　　填充选区　　　　选区调色　　　　删除选区

对齐参考

　　"对齐参考"的具体操作可参考"4.2 对齐与分布功能"。

5.1　选框工具组

　　选框工具共有4种，这里主要介绍矩形选框工具和椭圆选框工具。它们的快捷键为Ｍ。

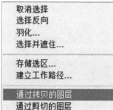

提示

为了方便后续观察，可先熟悉一下建立选区进行复制的操作，就是复制图层的操作。创建选区后，可以单击鼠标右键，选择"通过拷贝的图层"命令，快捷键为 Ctrl + J。

1.　矩形选框工具

　　选择矩形选框工具▦，在图像上按住鼠标左键拖曳，即可创建矩形选区。

　　用鼠标拖曳的同时按住 Shift 键可创建正方形选区▦；用鼠标拖曳的同时按住 Alt 键可创建以开始选取的点为中心进行缩放的矩形选区▦；用鼠标拖曳的同时按住 Alt + Shift 键可创建以开始选取的点为中心缩放的正方形选区▦。

提示

为了方便观察，可把起始点设置为带颜色的圆点 ●。要先用鼠标拖曳，再按相应的键才能实现上述效果。

选区选项

　　选区选项可以让选区更加灵活多变。

A 新选区

　　第一次创建选区后，第二次创建选区会覆盖第一次创建的选区▦▦。

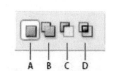

A　B　C　D

B 添加到选区

　　可以在第一次创建的选区上增加第二次创建的选区▦。快捷方式为按住 Shift 键创建。

C 从选区减去

可以在第一次创建的选区上减去第二次创建选区的相交部分 。快捷方式为按住 Alt 键创建。

D 与选区交叉

只保留第一次和第二次创建的选区重叠的部分 。快捷方式为按住 Shift + Alt 键创建。

羽化

"羽化"是指通过建立选区和选区周围像素之间的转换边界来模糊边缘，使用该功能将丢失选区边缘的一些细节。

原图　　　　　　　　　　　　　　"羽化"10 像素

样式

"样式"可设置选框的样式。

正常：通过拖曳确定选框比例。

固定比例：通过输入高宽比的数值设置固定比例。例如，若要绘制一个宽度是高度两倍的选框，可设置"宽度"为2，"高度"为1。

固定大小：为选框的高度和宽度设置固定的数值。除像素外，还可以单击鼠标右键把高度和宽度的数值设置为特定单位，如英寸或厘米。

矩形选框工具实操

原图　　　　　　　　　　用矩形选框工具抠图

2. 椭圆选框工具

选择椭圆选框工具▨，在图像上按住鼠标左键拖曳，即可创建椭圆选区。

椭圆选框工具的相关操作与矩形选框工具类似，这里讲一下矩形选框工具不能用的功能——消除锯齿。

消除锯齿

通过柔化边缘像素与背景像素之间的颜色过渡效果，使选区的锯齿状边缘变得平滑。消除锯齿功能在通过剪切、复制和粘贴选区来创建复合图像时非常有用。

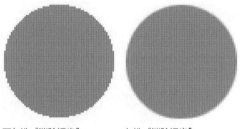

不勾选"消除锯齿"   勾选"消除锯齿"

> **提示**
>
> 消除锯齿适用于套索工具、多边形套索工具、磁性套索工具、椭圆选框工具、魔棒工具等。如果"消除锯齿"选项不能勾选，则说明该选项不适用于此工具。

椭圆选框工具实操

原图

用椭圆选框工具抠图

5.2 套索工具组

套索工具组包括套索工具、多边形套索工具和磁性套索工具，它们可以围绕对象创建不规则选区。该组工具的快捷键为Ⓛ。

1. 套索工具

选择套索工具▨，在图像上按住鼠标左键不松开，围绕对象进行拖曳勾画，完成勾画后松开鼠标，即可创建一个封闭选区。可以通过套索工具抠出花朵或其他比较复杂的图，不过此操作对于新手来说难度比较大。

套索工具实操

原图   用套索工具抠图

2. 多边形套索工具

选择多边形套索工具 ，在图像上选取一个点进行单击，再移动鼠标，然后单击下一个点，依次进行操作。在接近起点时，鼠标指针旁边会出现一个闭合的圆形 ，此时单击即可创建封闭的选区；不接近起点，按 Enter 键或者双击也可创建封闭的选区。

按住 Shift 键操作，能以45°角为增量创建选区。

若要删除前面绘制的部分，可按 Delete 键。

在选择多边形套索工具时，若要切换成套索工具，按住 Alt 键的同时用鼠标拖曳即可。

多边形套索工具实操

原图   用多边形套索工具抠图

3. 磁性套索工具

磁性套索工具 特别适用于快速选择与背景对比强烈且边缘复杂的对象。选择磁性套索工具，在图像中单击设置第一个点或按住鼠标左键，然后沿着需要选择的图像边缘拖曳，该工具会逐步将锚点添加到选区上，以固定前面绘制的部分。

如果套索的线段没有与所需的边缘对齐，可将鼠标指针移动到适当的边缘区域手动添加锚点，然后继续对齐边缘，并根据个人需要添加锚点。双击或按 Enter 键可闭合选区。

若要删除前面绘制的线段和锚点，可按 Delete 键。

在使用磁性套索工具时，若要切换成多边形套索工具，可按住 Alt 键并单击。

宽度

　　"宽度"可通过输入像素值指定检测宽度。按 Caps Lock 键，鼠标指针会变成 ◉，随着宽度数值的改变，鼠标指针的大小也会发生改变。

对比度

　　若要指定套索工具对图像边缘的灵敏度，可在"对比度"中输入介于1%和100%之间的数值，较高的数值只检测与其周边对比鲜明的边缘，较低的数值将检测低对比度边缘。

频率

　　"频率"可指定磁性套索工具以什么频率设置锚点，可输入0～100的数值。数值越高，锚点的放置速度就越快，数量也越多。

原图　　　　　　　　"频率"为50　　　　　　"频率"为100

光笔压力

　　如果计算机配置有数位板和压感笔，单击该按钮 ✍，软件会根据压感笔的压力自动调整工具的检测范围。例如，增大压力会导致边缘宽度减小。

磁性套索工具实操

原图　　　　　　　　　　　　用磁性套索工具抠图

5.3　对象选择组

　　对象选择组包括对象选择工具、快速选择工具、魔棒工具，它们的快捷键为 Ⓦ。关于对象选择，还可使用选择主体、选择并遮住、图像快速创建选区等操作。

1. 对象选择工具

对象选择工具可简化在图像中选择单个对象或对象的某个部分的过程。选择对象选择工具 ，可创建一个准确且细节较多的选区。

> **提示**
>
> 对象选择工具在2019年11月版的PS软件中引入，如果版本过低，则没有该工具。

模式

包括矩形、套索两种模式。

矩形：拖曳鼠标框选住对象即可。

套索：在对象外侧绘制一个大概的形状框选住对象即可。

对所有图层取样

"对所有图层取样"是指系统会根据所有图层，而非当前选定的图层来创建选区。

硬化边缘

勾选此选项，选区边缘会更加硬朗，有些版本的PS软件无此选项。

减去对象

此选项在删除当前对象选区内的背景区域时特别有用。该选项默认是勾选的状态，选中对象后，在想要减去的范围中按住 Alt 键，框选出相应区域即可。

对象选择工具实操

原图

用对象选择工具抠图

2.　快速选择工具

　　选择快速选择工具，用可调整的圆形画笔快速绘制选区。用鼠标拖曳画笔时，选区会向外扩展并自动查找和跟随图像中定义的边缘。

画笔选项

　　可通过输入数值或拖曳滑块来调整画笔大小、硬度、间距。此外，常用的方式是按键将画笔放大，按键将画笔缩小。

原画笔

键放大

键缩小

自动增强

　　此选项可以自动将选区流向图像边缘。注意有些版本的PS软件无此选项。

快速选择工具实操

原图

用快速选择工具抠图

3.　魔棒工具

　　魔棒工具可以选择颜色一致的区域，而不必跟踪其轮廓。选择魔棒工具，单击想选取的范围，系统会根据色彩范围和容差建立选区。

取样大小

　　该选项用来设置魔棒工具的取样范围。

取样点

取样点
3 x 3平均
5 x 5平均
11 x 11平均
31 x 31平均
51 x 51平均
101 x 101平均

取样点：只对鼠标指针所在位置的像素进行取样。3×3平均：对鼠标指针所在位置3个像素区域内的平均颜色进行取样。其他选项以此类推。设置"容差"为30，不同的取样大小会呈现不同的效果。

"取样大小"为"取样点"

"取样大小"为"101×101 平均"

容差

"容差"可确定所选像素的色彩范围，数值范围介于0到255之间。如果数值较低，则会选择与所单击像素非常相似的少数几种颜色；如果数值较高，则会选择范围更广的颜色。设置"取样大小"为"取样点"，不同的"容差"数值会呈现不同的效果。

"容差"为 30

"容差"为 100

连续

勾选"连续"复选框，表示只选择与单击点连接的符合要求的像素；不勾选此复选框，则会选择整幅图像中所有符合要求的像素，包括没有与单击点连接的区域。

魔棒工具实操

原图

用魔棒工具抠图

4. 选择主体

执行选择主体命令，只需单击图片，即可选择图片中最突出的主体。可执行"选择">"主体"命令，也可在使用对象选择工具、快速选择工具或者魔棒工具时，在工具选项栏单击"选择主体"按钮。

选择主体　　　　　用套索工具调整细节　　　　抠图

5. 选择并遮住

"选择并遮住"可以创建更准确的选区和蒙版。启用对象选择组工具，如快速选择工具，在此工具的工具选项栏中可找到该按钮。

这个板块可分为4个区域：工具区（蓝色区域）、工具选项区（紫色区域）、属性区（黄色区域）、编辑预览区（绿色区域）。

工具区

工具区包括快速选择工具、调整边缘画笔工具、画笔工具、对象选择工具、套索工具、抓手工具、缩放工具。下面介绍调整边缘画笔工具和画笔工具。

调整边缘画笔工具

该工具可精确调整对象的边缘区域。例如，轻刷可以柔化头发或毛皮之类的区域。

调整前　　　　　　　　　调整后

画笔工具

可使用画笔工具来处理细节。

调整前   调整后

工具选项区

调整细线

单击"调整细线"按钮 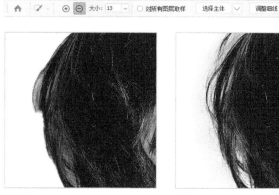 可轻松查找和调整难以选择的细节，如头发。注意该功能是软件2022年版本新增的功能，如果版本比较低，则没有该功能。

调整前   调整后

属性区

视图模式

共有7种视图模式，选择合适的"视图模式"能更方便地观察选区范围。

边缘检测

半径：该选项可以确定发生边缘调整的选区边界的大小。如果选区边缘较锐利，使用较小的半径值效果更好；如果选区边缘较柔和，则应使用较大的半径值。

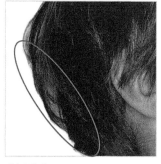

"半径"为0   "半径"为250

　　智能半径：允许选区边缘出现宽度可变的调整区域，如果选区是涉及头发和肩膀的人物肖像，此选项则会十分有用。将"半径"设置为100像素，勾选与不勾选该复选框会呈现不同的图像效果。

不勾选"智能半径"

勾选"智能半径"

全局调整

　　平滑：可以创建较平滑的轮廓，减少选区边界中的不规则区域。

"平滑"为0

"平滑"为100

　　羽化：模糊选区与周围像素之间的过渡效果。

　　对比度：增强对比度时，沿选区边框柔和边缘的过渡会变得不连贯。

　　移动边缘：收缩或扩展选区边缘。

"羽化"为0像素

"羽化"为70像素

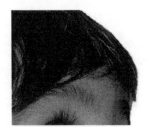

"移动边缘"为-100%

原始选区

"移动边缘"为+100%

　　清除选区：清除当前选区。
　　反相：反选当前选区。

输出设置

净化颜色：将彩色边替换为附近完全选中的像素的颜色，颜色替换的强度与选区边缘的柔化度是成比例的。

输出到：决定调整后选区的输出方式。

记住设置：勾选该复选框，下次打开即可保持一样的设置。

原始选区

"净化颜色"的"数量"为100%

复位工作区：可将设置恢复为刚进入"选择并遮住"功能时的原始状态。

编辑预览区

该区域可实时查看图像在编辑时发生的变化。

6. 图像快速创建选区

在"图层"面板中按住 Ctrl 键的同时单击相应图层左侧的缩览图，即可创建该图像的选区。

如果想对整块画布创建选区，可执行"选择">"全部"命令，快捷键为 Ctrl + A 。

5.4 选区的基础运用方法

在对选区工具有了一定的了解后，可了解下选区的基础运用方法。

1. 选区的填充

在创建选区以后，执行"编辑">"填充"命令（快捷键为 Shift + F5 ），可以在"内容"下拉列表中选择一个选项进行填充。

也可以单击鼠标右键，选择"填充"命令。

或者运用快捷键填充。用快捷键 Alt + Delete 或者 Alt + Back space 填充前景色；用快捷键 Ctrl + Delete 或者 Ctrl + Back space 填充背景色。

创建选区

填充前景色

填充背景色

前景色 / 背景色

2.　选区的描边

在创建选区以后，执行"编辑" > "描边"命令，可以在"描边"面板中设置描边的"宽度""颜色""位置"等参数。

也可以单击鼠标右键，选择"描边"命令。

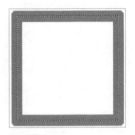

创建选区　　　　　　　　　　　　　　　　设置参数　　　　　　　　　　　描边后的效果

3.　选区的删除和取消

在创建选区以后，执行"编辑" > "清除"命令，即可删除选区内容。其他常用的方式是按快捷键 Delete 或 Back space 。

在创建选区以后，执行"选择" > "取消选择"命令，即可取消选区。其他常用的方式是按快捷键 Ctrl + D 。

> **提示**
>
> 在进行选区删除和取消的操作时，需要将图层转换为普通图层。

4.　选区的剪切、复制及粘贴

在创建选区以后，可以执行"编辑" > "剪切" / "拷贝" / "粘贴"命令，快捷键依次为 Ctrl + X 、 Ctrl + C 、 Ctrl + V 。

也可以用鼠标右键单击选区，在弹出的菜单中选择"通过拷贝的图层"命令，快捷键为 Ctrl + J ，或者选择"通过剪切的图层"命令，快捷键为 Ctrl + Shift + J 。

5. 选区的其他操作

在创建选区以后，可以用鼠标进行拖曳，还可以进行自由变换等操作。

选中选区

移动选区

变换选区

按住 Alt 键移动选区

> **提示**
>
> 在选中选区工具的状态下，按住 Ctrl 键拖曳，与选中移动工具直接拖曳效果一样；在选中选区工具的状态下，同时按住 Ctrl 键和 Alt 键拖曳，与选中移动工具再按住 Alt 键拖曳效果一样。

5.5 实战案例：抠除小猫咪的背景

学习了前面的知识，下面通过抠图来抠掉猫咪图片的背景。

1. 导入图片

按 Ctrl + O 快捷键，打开本书学习资源中的"素材文件\第5章\抠除小猫咪的背景"文件夹，将准备好的"小猫咪"图片拖曳到PS中。按 Ctrl + Alt + I 快捷键弹出"图像大小"对话框，设置"宽度"为100厘米，"高度"为66.67厘米。

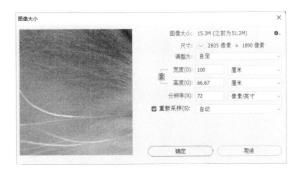

2. 放大图片

按快捷键 Ctrl+0 将图片
放大到合适大小。

3. 复制、新建图层

按 Ctrl+J 快捷键复制图层，命名为"小猫咪 拷贝"。为了便于观察，可在两个图层之间
创建一个纯色的填充图层，设置颜色为黑色。

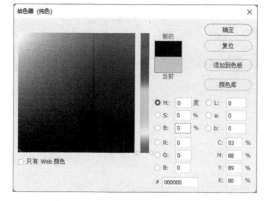

4. 快速选择主体

选择"小猫咪 拷贝"
图层，使用快速选择工具，
单击工具选项栏中的"选择
主体"按钮 选择主体 将主体
选中。

5. 加选选区

选择多边形套索工具或套索工具进行细致调节，这里用的是套索工具。按住 Shift 键鼠标指针右下方会出现一个加号，此时可加选一些需要的区域，如小猫咪身体后方部分、玫瑰花周围部分等。

6. 加选硬朗边缘

选择多边形套索工具，按住 Shift 键鼠标指针右下方会出现一个加号，此时可加选玫瑰花上方比较硬朗的边缘。

7. 调整毛发细节

单击工具选项栏中的"选择并遮住"按钮 选择并遮住... ，设置"视图模式"为"叠加"，"不透明度"为90%。

8. 进一步调整

选择调整边缘画笔工具 ☑️，在小猫咪毛发边缘进行细致的涂抹。涂抹完成后，可按 Ctrl + 0 快捷键将图片放大到合适大小。

提示

这里有一些注意事项。

1. 画笔大小可根据需要进行调整，按右方括号键] 放大画笔，按左方括号键 [缩小画笔。

2. 为了便于涂抹毛发细节，可放大图像，快捷键为 Ctrl + +，缩小图像快捷键为 Ctrl + −。此外，也可直接按缩放工具 🔍 调整。

3.如果不小心涂抹了不该涂抹的地方，可在工具选项区选择恢复原始边缘选项 🔘，在涂抹错误的地方单击恢复即可。此外，也可在画笔为加号（扩展检测区域 ⊕）的状态下直接按 Alt 键进行修改。

4.如果想直接拖曳画面，可按住空格键，画笔会变成抓手工具，此时可随意拖曳画面。

9.　调整其他参数

　　设置"边缘检测"的"半径"为10像素，勾选"智能半径"复选框，设置"移动边缘"为-10%，"净化颜色"的"数量"为10%，"输出到"为"新建带有图层蒙版的图层"。可根据需要勾选"记住设置"复选框，以便于后期制作相似的图片。然后单击"确定"按钮，生成"小猫咪 拷贝2"图层。

　　仅显示"小猫咪 拷贝2"图层，完成抠除小猫咪的背景的操作，将该图像保存为PNG格式。

CHAPTER 06

06

画出来的精彩：
绘画工具与其他工具

本章主要讲解PS常用的绘画工具，最主要的是画笔工具。此外，还有一些经常用到的其他工具，如吸管工具、填充工具、橡皮擦工具等。

6.1　画笔工具组

画笔工具在PS中应用十分广泛，画笔设置形式多样，需要多使用不同规格的画笔进行操作，将其灵活运用于创作之中。本组工具的快捷键为 B。

1.　画笔工具

画笔工具 ✔ 配合画笔设置和笔刷效果，可创作出各种不同风格的作品。

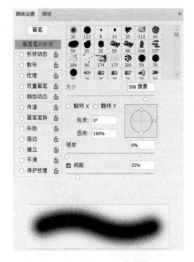

"画笔预设"选取器

打开"画笔预设"选取器 ●，会发现软件自带很多不同类型的画笔。在此面板中不仅可以选择需要的画笔，还可以进行常用笔刷的设置，如大小、硬度。

画笔设置

执行"窗口">"画笔设置"命令，可调出"画笔设置"面板。

画笔笔尖形状

大小：调整画笔大小，可输入以像素为单位的数值，或拖曳滑块调整；也可用快捷键调整，[键为缩小，] 键为放大；或者按住 Alt 键的同时按住鼠标右键，向左拖曳为缩小画笔，向右拖曳为放大画笔。

缩小画笔　　　　放大画笔

翻转：改变画笔笔尖在其x轴或者y轴上的方向。

原画笔　　　"翻转 X"　　　"翻转 Y"　　　"翻转 X"+"翻转 Y"

角度：指定画笔的长轴从水平方向旋转的角度，可输入角度数值，或在右侧预览框中拖曳箭头进行调整。

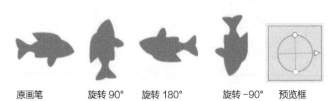

原画笔　　　旋转 90°　　　旋转 180°　　　旋转 -90°　　预览框

圆度：指定画笔短轴和长轴之间的比率，可输入百分比数值，或在右侧预览框中拖曳控制点进行调整。数值为100%表示圆形画笔，数值为0%表示线性画笔，介于两者之间的数值表示椭圆画笔。

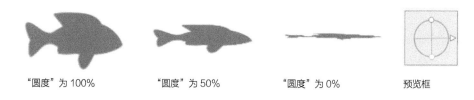

"圆度"为100%   "圆度"为50%   "圆度"为0%   预览框

硬度：控制画笔硬度的大小。可输入数值或拖曳滑块调整数值。数值越大，画笔越硬。或者按住 Alt 键的同时按住鼠标右键，向上拖曳画笔硬度变小，向下拖曳画笔硬度变大。

提示

注意有些画笔不能调整硬度，如干介质画笔，按住 Alt 键，并用鼠标上下拖曳，调整的为不透明度。要调整"硬度"，前提是选择一个可以调整硬度的画笔。

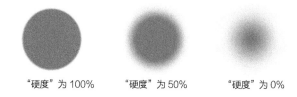

"硬度"为100%   "硬度"为50%   "硬度"为0%

间距：控制描边中两个画笔笔迹之间的距离。如果要更改间距，可输入数值，或拖曳滑块调整数值。数值越大，间距越大。当取消勾选此复选框时，间距大小鼠标指针的移动速度快慢决定。

"间距"为1%   "间距"为50%   "间距"为100%   "间距"为200%

形状动态

大小抖动：指定画笔大小的抖动方式。数值越大，抖动效果越明显。"间距"统一设置为100%，不同的"大小抖动"数值会呈现不同的效果。

"大小抖动"为0%

"大小抖动"为50%

"大小抖动"为100%

控制：包括以下几种控制方式。关：表示不控制画笔笔迹的大小变化。渐隐：按照指定长度在画笔初始直径和最小直径之间进行笔迹大小的过渡变化。"Dial""钢笔压力""钢笔斜度""光笔轮"这4种方式适用于数位板。如果计算机配置了数位板，就可以选择其中一种方式，根据钢笔的压力、斜度及光笔轮位置来改变初始直径和最小直径之间的画笔笔迹大小。

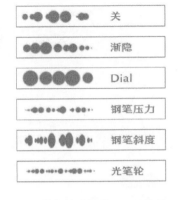

"形状动态"部分内容的参数都是在画笔"间距"为100%、"大小抖动"为100%的情况下设置的。

最小直径：当启用"大小抖动"时，通过该选项可以设置画笔笔迹缩放的最小百分比。数值越小，变化越大。

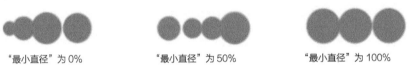

"最小直径"为0%　　　　"最小直径"为50%　　　　"最小直径"为100%

倾斜缩放比例：当将"大小抖动"下方的"控制"设置为"钢笔斜度"时，通过该选项可以设置在旋转前应用于画笔高度的比例。

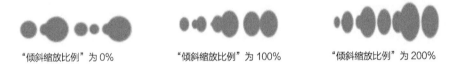

"倾斜缩放比例"为0%　　"倾斜缩放比例"为100%　　"倾斜缩放比例"为200%

角度抖动：指定画笔角度的改变方式。数值越大，抖动效果越明显。

"角度抖动"为0%　　　　"角度抖动"为50%　　　　"角度抖动"为100%

初始方向 ∨
关
渐隐
Dial
钢笔压力
钢笔斜度
光笔轮
旋转
初始方向
方向

控制：共有9种控制方式，其中前6种方式的使用规则和"大小抖动"控制方式的规则类似。"旋转"指的是通过控制画笔的旋转角度来控制抖动；"初始方向"使画笔笔迹的角度基于画笔描边的初始方向；"方向"指的是使画笔笔迹的角度基于画笔描边的方向。

"初始方向"　　　　　　　　　"方向"

圆度抖动：指定画笔圆度的改变方式。数值越大，抖动效果越明显。控制方式可参考"大小抖动"和"角度抖动"。

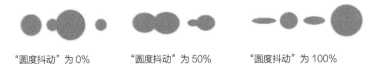

"圆度抖动"为0%　　　　　"圆度抖动"为50%　　　　　"圆度抖动"为100%

最小圆度：指定当"圆度抖动"下方的"控制"启用时画笔的最小圆度。当将"最小圆度"设置为100%时，圆度不发生变化，数值越小，圆度变化越大。

"最小圆度"为1%　　　　　"最小圆度"为50%　　　　　"最小圆度"为100%

翻转X抖动/翻转Y抖动：将画笔笔尖在其x轴或y轴上进行翻转。

原画笔　　　　　　　　　"翻转X抖动"　　　　　　"翻转Y抖动"　　　"翻转X抖动"+"翻转Y抖动"

画笔投影：当使用光笔绘画时，勾选"画笔投影"复选框，光笔将更改为倾斜状态，并将旋转光笔以改变笔尖形状。

原画笔　　　　　　　　　　　　　　　　　勾选"画笔投影"

散布

散布：指定画笔笔迹在描边中的分布方式。数值越大，散布效果越明显。控制方式可参考"大小抖动"和"角度抖动"。

"散布"为0%　　"散布"为100%　　"散布"为200%　　"散布"为300%

当勾选"两轴"复选框时，画笔笔迹按径向分布；当取消勾选时，画笔笔迹垂直于描边路径分布。勾选"两轴"复选框，不同的"散布"数值会呈现不同的效果。

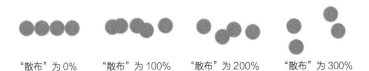

"散布"为0%　　　"散布"为100%　　　"散布"为200%　　　"散布"为300%

数量：指定在每个间距间隔应用的画笔笔迹数量，数值越大，数量越多。"散布"设置为200%，不同的"数量"会有不同的效果。

"数量"为1　　　　"数量"为5　　　　"数量"为10

数量抖动：指定画笔笔迹的数量如何针对各种间距间隔而变化。控制方式可参考"大小抖动"和"角度抖动"。"散布"设置为200%，"数量"设置为5，不同的"数量抖动"数值会有不同的效果。

"数量抖动"为0%　　　　"数量抖动"为50%　　　　"数量抖动"为100%

纹理

"图案"拾色器：可从中选择符合自己要求的图案。

以下效果均以 ● 为基础进行设置。

反相：基于图案中的色调反转纹理中的亮点和暗点。

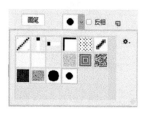 

原纹理笔刷　　　　　　勾选"反相"

缩放：指定图案的缩放比例。

"缩放"1%　　　　"缩放"50%　　　　"缩放"100%

亮度：指定图案的亮度。

"亮度"为0　　　　"亮度"为-100　　　　"亮度"为100

对比度：指定图案的明暗对比。

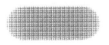   

"对比度"为 0　　　　　"对比度"为 -50　　　　　"对比度"为 50　　　　　"对比度"为 100

为每个笔尖设置纹理：勾选该复选框，选定的纹理将单独应用于画笔描边中的每个画笔笔迹，而不是作为整体应用于画笔描边。

不勾选"为每个笔尖设置纹理"复选框　　勾选"为每个笔尖设置纹理"复选框

模式：指定用于组合画笔和图案的混合模式，具体操作可参考图层混合模式（2.2 混合模式的构成）。

深度：设置颜色渗入纹理的深度。数值越大，渗入的深度越大。

"深度"为 1%　　　　　　"深度"为 10%　　　　　　"深度"为 20%

最小深度：用来设置画笔的最小深度。想要调整"最小深度"的数值，不可将"深度抖动"下方的"控制"设置为"关"的状态，并且要勾选"为每个笔尖设置纹理"复选框。将"深度抖动"设置为50%，下方的"控制"设置为"钢笔压力"，不同的"最小深度"数值会呈现不同的效果。

"最小深度"为 0%　　　　"最小深度"为 50%　　　　"最小深度"为 100%

深度抖动：指定当勾选"为每个笔尖设置纹理"复选框时深度的改变方式。控制方式可参考"大小抖动"和"角度抖动"。

"深度抖动"为 0%　　　　"深度抖动"为 50%　　　　"深度抖动"为 100%

双重画笔

"双重画笔"可以在一种笔尖形状（主画笔）绘制出的笔迹中添加其他画笔（如纹理画笔）的笔尖形状，使两种笔迹混合产生特殊的纹理效果。

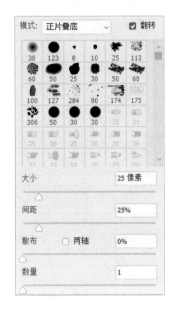

下面的效果都是在主画笔为 ▓，纹理画笔为 ▓，模式为"正片叠底"的设置下进行操作的。

模式：设置主画笔和纹理画笔组合成画笔时的混合模式，具体操作可参考图层混合模式（2.2 混合模式的构成）。

翻转：在主画笔中翻转纹理画笔的方向。

原画笔   "翻转"

大小：用来调节"双重画笔"中画笔笔尖形状的大小。

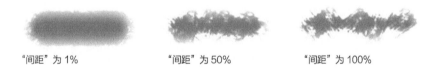

"大小"为 1 像素   "大小"为 50 像素   "大小"为 100 像素

间距：用来控制"双重画笔"笔迹中笔尖形状的距离。

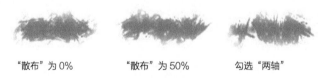

"间距"为 1%   "间距"为 50%   "间距"为 100%

散布：指定描边中双笔尖画笔笔迹的分布方式。当勾选"两轴"复选框时，双笔尖画笔笔迹按径向分布；取消勾选时，双笔尖画笔笔迹垂直于描边路径分布。设置"间距"为50%，不同的"散布"数值会有不同的效果。

"散布"为 0%   "散布"为 50%   勾选"两轴"

数量：指定在每个间距间隔应用的双笔尖画笔笔迹的数量。

"数量"为 1   "数量"为 5   "数量"为 10

颜色动态

"颜色动态"能够改变颜色的设置属性，也可让画笔绘制出颜色变化的效果。

应用每笔尖：勾选该复选框后，笔迹的颜色会根据每个笔尖的形状发生变化，即这一笔里有多少个笔尖形状，颜色就变化多少次；未勾选该复选框时，这一笔里只有一种颜色，从下一笔开始颜色才发生变化。

以下效果都是以 （蓝色为前景色、黄色为背景色）为基础进行呈现的。

勾选"应用每笔尖"

不勾选"应用每笔尖"第一笔、第二笔、第三笔

前景/背景抖动：让画笔在前景色和背景色之间改变颜色。数值越小，变化后的颜色越接近前景色；数值越大，变化后的颜色越接近背景色。控制方式可参考"大小抖动"和"角度抖动"。

"前景／背景抖动"为0%　　　"前景／背景抖动"为50%　　　"前景／背景抖动"为100%

下面的抖动效果是在将"前景/背景抖动"设置为50%的前提下呈现的。

色相抖动：设置颜色色相的变化范围。数值越小，色相变化越小；数值越大，色相变化越大。

"色相抖动"为0%　　　　"色相抖动"为50%　　　　"色相抖动"为100%

饱和度抖动：设置颜色饱和度的变化范围。数值越小，色彩饱和度越接近前景色；数值越大，色彩饱和度变化越大。

"饱和度抖动"为0%　　　"饱和度抖动"为50%　　　"饱和度抖动"为100%

亮度抖动：设置颜色亮度的变化范围。数值越小，亮度变化越小；数值越大，亮度变化越大。

"亮度抖动"为0%　　　　"亮度抖动"为50%　　　　"亮度抖动"为100%

纯度：设置颜色纯度的变化范围。数值越小，色彩饱和度越低；数值越大，色彩饱和度越高。

"纯度"为0%　　　　"纯度"为-100%　　　　"纯度"为100%

传递

不透明度抖动：设置画笔笔迹颜色不透明度的变化方式。控制方式可参考"大小抖动"。

"不透明度抖动"为0%　　"不透明度抖动"为50%　　"不透明度抖动"为100%

最小：可设置画笔的最小流量。当在"控制"中选择除"关"以外的选项时，如"渐隐"，相应参数就可以进行设置了。

"最小"为0%　　　　"最小"为50%　　　　"最小"为100%

"流量抖动"为0%　　　"流量抖动"为50%　　　"流量抖动"为100%

流量抖动：设置画笔笔迹中油彩流量的变化程度。控制方式可参考"大小抖动"。

湿度抖动：设置画笔笔迹中颜色湿度的变化程度。控制方式可参考"大小抖动"和"角度抖动"。

混合抖动：设置画笔笔迹中颜色混合的变化程度。控制方式可参考"大小抖动"和"角度抖动"。

> **提示**
>
> "湿度抖动"和"混合抖动"通常是在混合器画笔工具 中使用，若选择画笔工具，该参数不能使用。

画笔笔势

　　"画笔笔势"可得到类似光笔绘制的效果，并可以控制画笔的角度和位置。该选项对于一般的画笔笔尖形状是不起作用的，要选中毛刷、侵蚀画笔笔尖才可以。在操作前需要在"画笔笔尖形状"选项里选中一个合适的笔尖，本小节的效果都是以 为基础进行设置的。

倾斜X：确定画笔从左向右倾斜的角度。

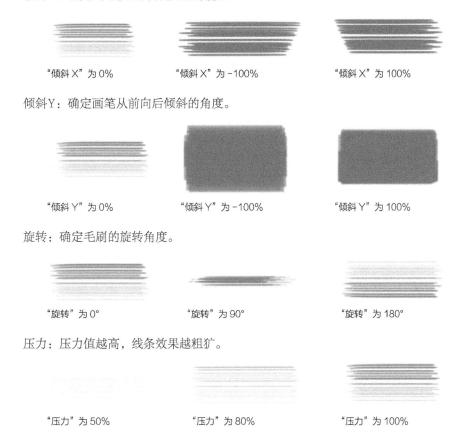

"倾斜 X"为 0%　　　　"倾斜 X"为 -100%　　　　"倾斜 X"为 100%

倾斜Y：确定画笔从前向后倾斜的角度。

"倾斜 Y"为 0%　　　　"倾斜 Y"为 -100%　　　　"倾斜 Y"为 100%

旋转：确定毛刷的旋转角度。

"旋转"为 0°　　　　"旋转"为 90°　　　　"旋转"为 180°

压力：压力值越高，线条效果越粗犷。

"压力"为 50%　　　　"压力"为 80%　　　　"压力"为 100%

　　勾选与"覆盖"相关的复选框后，会覆盖光笔的数据，当使用数位板时光笔效果将以软件中的设置为准。

杂色

　　"杂色"可为个别画笔笔尖增加额外的随机性。当应用于柔边画笔笔尖（带有透明度的笔刷）时，此选项效果比较明显。

湿边

"湿边"可沿画笔描边的边缘增大油彩量，从而创建水彩效果。

不勾选"杂色"   勾选"杂色"   不勾选"湿边"   勾选"湿边"

建立

在"画笔笔尖形状"中选择喷枪笔尖，不开启此选项，长按鼠标左键，喷枪笔尖是不起连续喷洒作用的；而开启此选项，喷枪笔尖可持续喷洒颜色。

喷枪笔尖   不勾选"建立"   勾选"建立"按
按5秒   5秒

> **提示**
> "画笔设置"面板中的"建立"选项与工具选项栏中的喷枪选项□相对应。

平滑

勾选"平滑"复选框，画笔可绘制较平滑的曲线，当使用压感笔快速绘画时，该效果十分明显。

不勾选"平滑"   勾选"平滑"

保护纹理

勾选"保护纹理"复选框，可把相同的图案和缩放比例应用于所有具有纹理的画笔预设中。

原画笔带有的纹理   勾选"保护纹理"   更换画笔01   更换画笔02

模式

"模式"可设置绘画模式，具体操作可参考图层混合模式（2.2 混合模式的构成）。

不透明度

"不透明度"可设置画笔应用颜色的不透明度。

"不透明度"为100%   "不透明度"为60%   "不透明度"为20%

流量

"流量"可设置将指针移动到某个区域时应用颜色的速率。在某个区域上绘画时，如果长按鼠标左键绘制，颜色将根据流动速率增加，直至达到所设置的不透明度的百分比。

"流量"为100%　　　"流量"为50%　　　"流量"为20%

平滑

"平滑"可设置画笔描边的平滑度，数值越大，描边应用的智能平滑量越大。注意该选项和"画笔设置"面板中的平滑选项功能一致，如果工具选项栏中的该选项不可用，需要先勾选"画笔设置"面板中的"平滑"复选框。

"平滑"为0%　　　　"平滑"为50%

单击该选项右侧的齿轮图标⚙可启用一种或多种模式。

拉绳模式：在绳线的引导下，线条更加流畅。

描边补齐：当快速拖曳鼠标至某一点时，只要按住鼠标左键不松开，线条就会沿着拉绳追随过来，直至到达鼠标指针所在处；如果这期间松开鼠标，线条则会停止追随。禁用此模式时，鼠标指标移动停止后会立即停止绘画。

补齐描边末端：补齐从上一绘画位置到松开鼠标所在点的描边。

调整缩放：通过调整平滑量，防止抖动描边。在画布放大时减少平滑量，在画布缩小时增加平滑量。

设置绘画的对称选项

单击工具选项栏中的⊞按钮，可以选择"垂直""水平""双轴""对角""波纹""圆形""螺旋线""平行线""径向""曼陀罗"等对称类型。

可以将任意路径设置为对称路径。用鼠标右键单击"路径"面板中的路径，在弹出的菜单中选择"建立对称路径"命令。

后面讲解路径的内容时将对该功能进行详细介绍。下面通过设置"平滑"与⊞选项绘制图形。

将"平滑"数值设置为40% 平滑: 40% 。

在⊞中选择"径向"，在弹出的对话框中将"段计数"设置为6，然后单击"确定"按钮，即可得到下方的效果图。

效果图

自定义画笔

可以用以下几种方法自定义画笔。

A. 创建图案，或者从外部导入图案。

B. 选择要用作自定义画笔的图像区域创建选区（按住 Ctrl 键单击图层左侧的图层缩览图创建选区）。

C. 执行"编辑">"定义画笔预设"命令。

D. 在弹出的对话框中为画笔命名，并单击"确定"按钮。可在"画笔预设"选取器中找到自定义画笔。

导入画笔和画笔包

在"画笔"面板中单击 按钮，选择"导入画笔"命令，在弹出的窗口中单击准备好的画笔并载入，此时添加的画笔会显示在"画笔"面板中。

2. 铅笔工具

铅笔工具 的大部分功能可参考画笔工具，这里介绍画笔工具中没有的"自动抹除"功能。该功能是指在包含前景色的区域绘制背景色。右图是勾选"自动抹除"后以 为基础进行的绘制。

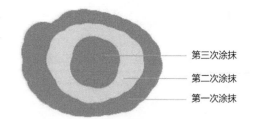

第三次涂抹
第二次涂抹
第一次涂抹

3. 颜色替换工具

颜色替换工具 是用来替换颜色的，可用前景色替换鼠标指针所在位置的颜色，比较适合修改小范围、局部的颜色。

模式

用于设置颜色替换工具的绘画颜色与现有像素混合的方法，具体操作可参考图层混合模式（2.2 混合模式的构成）。

颜色
色相
饱和度
颜色
明度

取样

用来设置颜色的取样方式。

连续   一次 背景色板

连续

拖曳鼠标时，可以对颜色进行连续取样。

原图   调整后

一次

拖曳鼠标时，只对颜色进行一次取样，第二次取样需要再次单击鼠标。

原图   调整后

背景色板

只替换包含当前背景色的区域。

> **提示**
>
> 以上效果是以前景色/背景色为■，"容差"为5%为基础进行呈现的。

原图   调整后

限制

确定替换颜色的范围。

不连续

可以替换鼠标指针处任何位置的样本颜色。

原图   调整后

连续

只替换与鼠标指针处的颜色接近的颜色。

原图   调整后

查找边缘

可以替换包含样本颜色的连续区域，同时保留形状边缘的锐化程度。

原图   调整后

提示

以上效果是以"取样"方式为"连续","容差"为20%为基础进行呈现的。

容差

设置样本颜色的"容差",数值越大,替换颜色越方便。

原图　　　　　　"容差"为10%　　　　　　"容差"为50%

4. 混合器画笔工具

混合器画笔工具可以模拟真实的绘画技术,制作出趣味十足的作品。

载入画笔内容

按住 Alt 键的同时在图像上单击,可在工具选项栏的"当前画笔载入"中载入单击点及附近的颜色。也可直接单击工具选项栏中的"当前画笔载入",在弹出的对话框中选择一种颜色(仅可选择纯色)。

当前画笔载入

选择"载入画笔"命令,可使用之前储备的颜色填充画笔;选择"清理画笔"命令,可移去画笔中的油彩。

要在每次描边后执行这些任务,可单击"每次描边后载入画笔"按钮或"每次描边后清理画笔"按钮。

有用的混合画笔组合

此处提供了一些混合画笔组合的预设。

潮湿

"潮湿"可控制画笔从画布拾取的油彩量,较高的数值会产生较长的混合绘画条痕。将"载入"设置为1%,不同的"潮湿"数值会呈现不同的效果。

"潮湿"为0%　　　　　　"潮湿"为10%

载入

"载入"可设置画笔上的油彩量。当载入数值较低时,绘画描边干燥的速度会较快。将"潮湿"设置为0%,不同的"载入"数值会呈现不同的效果。

"载入"为0%   "载入"为30%

混合

　　"混合"可控制画布油彩量与储备颜色油彩量的比例。当"混合"为100%时，所有油彩将从画布中拾取；当"混合"为0%时，所有油彩都来自之前储备的颜色。

"混合"为1%   "混合"为50%   "混合"为100%

　　其余选项和操作可参考画笔工具。

用混合器画笔工具制作特殊立体字

　　（1）按住 Alt 键的同时在画布上单击，选择一种颜色 。

　　（2）在"有用的混合画笔组合"中选择"潮湿"。

　　（3）在画布上进行绘制。

6.2　吸管工具组

　　在进行设计时，想做好颜色搭配并非易事。在发现图像中有可供借鉴的颜色时，便可用吸管工具进行拾取，之后保存到"色板"面板中。本组工具的快捷键为 I 。

1. 吸管工具

　　吸管工具 用于采集色样以指定新的前景色或背景色。

　　这里简单介绍一下前景色和背景色。在工具栏下方显示了当前状态下的前景色、背景色及相关操作按钮。以 为例，黑色为前景色，白色为背景色，单击 按钮可以切换前景色和背景色。

　　默认前景色是黑色，背景色是白色。如果想要更改颜色，需单击颜色，打开"拾色器"对话框进行设置。

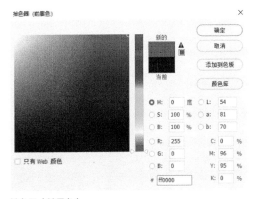

拾色器（前景色）

如果要恢复默认的前景色和背景色，可单击工具栏的"默认前景色和背景色"按钮，。

取样点
3 x 3 平均
5 x 5 平均
11 x 11 平均
31 x 31 平均
51 x 51 平均
101 x 101 平均

取样大小

吸管工具的"取样大小"和魔棒工具的"取样大小"功能及用法是一样。

取样点：可以精确拾取鼠标指针所在位置像素的颜色。

3×3平均/5×5平均等：可以拾取鼠标指针所在位置3个/5个（其他选项以此类推）像素区域内的平均颜色。

样本

吸管工具可以吸取颜色的图层，下面讲解常用的"当前图层"和"所有图层"。

当前图层
当前和下方图层
所有图层
所有无调整图层
当前和下一个无调整图层

当前图层：选择该选项时，只在当前图层上取样。

所有图层：选择该选项时，可以在所有图层上取样。

显示取样环

勾选该复选框，拾取颜色时显示取样环。

取样环

吸管的常用方式

要选择新的前景色，在图像内单击即可；要选择新的背景色，按住 Alt 键的同时在图像内单击即可。

> **提示**
>
> 使用任一绘画工具时，按住 Alt 键，可暂时使用吸管工具选择前景色。

2. 3D材质吸管工具

3D材质吸管工具与吸管工具的操作区别不大，只是吸管工具吸取的是颜色信息值，而3D材质吸管工具吸取的是该3D模型区域使用的贴膜材质信息。

6.3 填充工具组

填充工具组包含3种工具，其中比较常用的工具为渐变工具和油漆桶工具，它们的快捷键为 G。

1. 渐变工具

渐变工具可以展现多种颜色间的逐渐混合效果。选择一个起点位置，按住鼠标左键拖曳到终点位置即可创建渐变效果。

> **提示**
>
> 如果要填充图像的一部分，需要使用选区工具创建选区。否则，渐变填充效果将应用于当前整个图层。

渐变编辑器

单击工具选项栏中的 ▬ 按钮，在弹出的"渐变编辑器"对话框中可设置不同颜色的渐变效果。

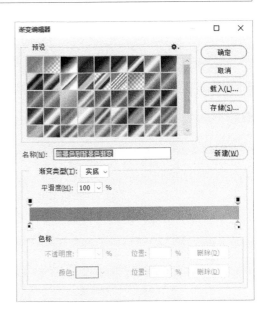

预设：已有的渐变效果。

名称：设置渐变的名称。

新建：设置好参数后，单击"新建"按钮 ▬ 可将此渐变储存在"预设"中。

渐变类型：包括"实底"和"杂色"。实底创建的是指定颜色间的平滑渐变（ ▬ ），杂色创建的是指定颜色范围内随机分布的颜色（ ▬ ）。

平滑度：调整渐变的平滑度。

不透明度色标 ▬ ：单击此色标，即可在下方设置不透明度。

> **提示**
>
> 如果想要增加"不透明度色标"，单击渐变条上方边缘的空白处即可；如果想要删除多余的"不透明度色标"，可单击多余的"不透明度色标"，在下方单击"删除"按钮 ▬ ，也可直接将色标拖离渐变颜色条。

色标 ▬ ：单击此色标，即可在下方设置颜色。

> **提示**
>
> 如果想要增加"色标"，单击渐变条下方边缘的空白处即可；如果想要删除多余的"色标"，单击多余的"色标"后单击"删除"按钮 ▬ ，也可直接将色标拖离渐变颜色条。

颜色中点 ◇ （菱形图标）：起点颜色和终点颜色的均匀混合渐变将在此处显示。

导入 ：可从外部导入渐变预设，单击"导入"按钮选择文件，然后单击"载入"按钮。部分版本该处显示为"载入"。

仿色

进行颜色过渡，减少色带（渐变时由于颜色间色值差异过小而产生的一种条纹）。

不勾选"仿色"，出现色带   勾选"仿色"，减少色带

透明区域

对渐变填充使用透明蒙版。

2. 油漆桶工具

油漆桶工具可以说是一个增加了填充功能的魔棒。使用该工具在图像上单击时，可以像魔棒工具一样自动选取"容差"范围内的图像，并用颜色或图案进行填充。

设置填充区域的源

该工具包括"前景"和"图案"两个选项。

"前景"是指用前景色填充，"图案"是指用图案填充。

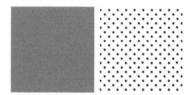

尝试给线稿上色

（1）新建一个"宽度"为15厘米，"高度"为16厘米的矩形画布。

（2）导入向日葵的线稿图。

（3）在油漆桶工具的工具选项栏中选择前景 解▾，选择合适的前景色。

（4）填充颜色。

6.4　橡皮擦工具组

橡皮擦工具组主要包括橡皮擦工具、背景橡皮擦工具，它们的快捷键为 E 。

1.　橡皮擦工具

橡皮擦工具 既可擦除图像，也能像画笔工具或铅笔工具那样绘画，具体进行哪个操作取决于图层。

橡皮擦工具的使用方式可参考画笔工具，这里仅介绍画笔工具中没有的功能。

块

能够将橡皮擦的形状设置为一个硬边缘和固定大小的方形，并且不能更改"不透明度"和"流量"。

抹到历史记录

该功能与历史记录画笔工具的作用相同。勾选该复选框后，在"历史记录"面板中选择一个状态或快照，在擦除时，可以将图像恢复为指定状态；如果没有勾选该复选框，在使用橡皮擦工具时，按住Alt键可临时启用该功能。

2.　背景橡皮擦工具

背景橡皮擦工具 可自动识别对象边缘，并将指定范围内的图像擦除，适合处理边界清晰的图像。

原图

"容差"为50%

背景橡皮擦工具的使用方式可参考"6.1 画笔工具组"中的颜色替换工具，这里主要讲解颜色替换工具中没有的功能。

保护前景色

如果想保护某种颜色，可以勾选该复选框，然后使用吸管工具拾取这种颜色作为前景色，再进行擦除操作。

原图

前景色

"容差"为50%，勾选"保护前景色"

6.5   实战案例：用自定义画笔制作海报

学习了画笔工具的用法后，现在尝试用画笔工具制作一张海报。

1.   新建文档

执行"文件">"新建"命令（快捷键为 Ctrl+N），新建一个矩形画布，设置尺寸为60厘米×90厘米，"方向"为竖向，"分辨率"为72像素/英寸，"颜色模式"为"RGB颜色"，"背景内容"为"白色"。

2.   导入背景和鱼素材

按 Ctrl+O 快捷键，打开本书学习资源中的"素材文件\第6章\用自定义画笔制作海报"文件夹，依次导入"背景1""背景2""鱼"图片，在"图层"面板依次生成"背景1""背景2""鱼"图层。

3.   导入插画素材图片

导入"插画素材"图片，生成"插画素材"图层，将其放在"背景1"图层上边。为了将素材更好地融入背景中，可将"插画素材"图层的混合模式改为"叠加"，设置"不透明度"为15%。

4. 导入纹理图片

导入"纹理"图片，生成"纹理"图层，将其放在"插画素材"图层上边。将"纹理"图层的混合模式改为"滤色"，设置"填充"为10%。

5. 为橙色背景添加纹理

按住"纹理"图层，再按 Alt 键复制图层并命名为"纹理 拷贝"，放在"背景2"图层上方。为了不影响蓝色背景上的纹理效果，需要选择"背景2"图层，按住 Ctrl 键，并单击"背景2"左侧的图层缩览图，为橙色背景建立选区。然后选择"纹理 拷贝"图层，按 Ctrl + J 快捷键复制图层，命名为"纹理1"。

此时可删除"纹理 拷贝"图层。为了让此处的纹理看起来更明显，可将"填充"调整为30%。

6. 添加趣味元素

选择"鱼"图层，单击"图层"面板下方的"创建新图层"按钮 回 新建一个图层，命名为"趣味元素"。执行"窗口">"画笔"命令，打开"画笔"面板，在常规画笔中选择"硬边圆"，然后打开"画笔设置"面板，选择"画笔笔尖形状"，设置"硬度"为100%，"间距"为

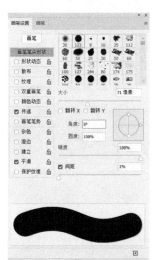

1%。接下来适当调整画笔，设置工具选项栏中的"平滑"为40% 平滑: 40% 。然后设置"前景色"为90%的黑色。最后进行绘制。

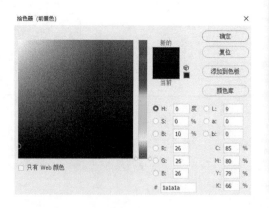

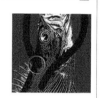

提示

多余的部分可用橡皮擦工具擦掉，具体操作方法如下。

（1）选中"鱼"图层，按住 Ctrl 键，单击"鱼"图层左侧的图层缩览图创建选区。

（2）选中"趣味元素"图层，选择橡皮擦工具，设置"模式"为"画笔"，将多余部分擦除。

7. 为"鱼"图层描边

选择"鱼"图层，单击"图层"面板下方的"添加图层样式"按钮*fx*，选择"描边"样式为"鱼"图层描边。描边时，需设置"大小"为12像素，"位置"为"外部"，"不透明度"为100%，"颜色"为用吸管工具吸取的"背景2"图层的橙色。

8. 为"趣味元素"图层描边

选择"鱼"图层下的"效果"，按住 Alt 键向上拖曳到"趣味元素"图层中，即可为"趣味元素"图层增加与"鱼"图层一样的描边效果。

9. 继续为"鱼"图层描边

新建一个图层，命名为"鱼细致描边"。设置画笔"大小"为12像素，然后按住 Alt 键临时调取吸管工具，吸取之前为"鱼"图层描边的橙色，在适当的位置进行细致勾勒。

10. 导入文字

导入文字图片，将图层命名为"溺水的鱼"。

11. 复制"纹理"图层

选择"纹理"图层，按住 Alt 键向上拖曳复制至"趣味元素"图层上边，将复制的图层命名为"纹理拷贝"。

12. 为"趣味元素"图层添加纹理

选择"趣味元素"图层，按住 Ctrl 键单击"趣味元素"图层左侧的图层缩览图，即可选中"趣味元素"的选区。然后选择"纹理 拷贝"图层，按 Ctrl + J 快捷键复制一层，并将得到的图层命名为"趣味元素纹理"。将"纹理 拷贝"图层删除或隐藏。为了让纹理更加明显，可设置"填充"为15%。

13. 添加文字

选择横排文字工具添加文字，将图层命名为"咕噜"。用鼠标右键单击"咕噜"图层，在弹出的菜单中选择"转换为智能对象"命令。然后选择该图层，按 Ctrl + T 快捷键，并用鼠标右键单击图像，在弹出的菜单中选择"透视"命令进行调整。接着在工具选项栏单击

按钮，并设置"变形"为"旗帜"，调整文字弧度。按 Enter 键，并将其摆放在合适的位置。

14. 添加气泡

新建图层，用椭圆选框工具绘制一个圆形，右键单击图像在弹出的菜单中选择"描边"命令，设置"宽度"为12像素，"颜色"为橙色，"位置"为"内部"。按 Ctrl + D 快捷键取消选区。然后按住 Ctrl 键单击该图层左侧的图层缩览图建立选区，并执行"编辑">"定义画笔预设"命令，将画笔命名为"气泡画笔"。然后删除该图层，再新建一个图层，命名为"气泡"。

15. 设置"气泡画笔"参数

打开"画笔设置"面板，设置"画笔笔尖形状"中的"间距"为200%，"形状动态"中的"大小抖动"为100%，"散布"中的"设置散布随机性"为200%。然后在鱼的上方绘制气泡，绘制完之后，可用橡皮擦工具擦除多余的气泡。最后选择移动工具，选择"气泡"图层，按 Ctrl+J 快捷键复制几个图层，以加深气泡颜色，再按住 Shift 键选择所有气泡图层，按 Ctrl+E 快捷键将其合并。如果感觉气泡太多，可用橡皮擦工具适当删除。

16. 添加中间的文字

添加中间文字和其他元素，完成最终海报效果的绘制。

07

点亮你的美：
修复与修饰工具

一个小瑕疵往往会对外形产生很大的影响，本章讲解的
工具可以用来清除小瑕疵。

7.1 修复工具组

修复工具组内的部分工具有轻松修复污点、美白牙齿、修正红眼及修复图像中的其他缺陷的功能。该组工具的快捷键为 J 。

1. 污点修复画笔工具

污点修复画笔工具 ✎ 可以快速去除照片中的污点和修复其他不理想的区域。

模式

"模式"可参考图层混合模式（2.2 混合模式的构成），这里介绍下图层混合模式中没有的"替换"模式。该模式可以在使用柔边画笔时保留画笔描边边缘处的杂色、胶片颗粒和纹理。

内容识别

"内容识别"选项可比较附近的图像内容，不留痕迹地填充画笔涂抹区域，同时保留关键细节，如阴影。

正常
替换
正片叠底
滤色
变暗
变亮
颜色
明度

创建纹理

"创建纹理"选项可使用画笔涂抹区域中的所有像素创建一个用于修复该区域的纹理。

近似匹配

"近似匹配"选项可使用画笔涂抹区域边缘的像素来修补图像。

内容识别

创建纹理

近似匹配

污点修复画笔工具的运用

（1）选择污点修复画笔工具。

（2）选择一种画笔，比要修复的区域稍大一点的画笔最为适合。

（3）单击要修复的区域，或按住鼠标并拖曳，以使该区域中的不理想部分变平滑。

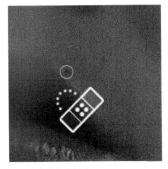

选择此工具   在有斑点的位置单击   修复斑点

2. 修复画笔工具

修复画笔工具可用于修复瑕疵，与仿制图章工具类似，使用该工具可以利用图像或图案中的样本像素来绘画。此外，修复画笔工具还可将样本像素的纹理、光照、透明度和阴影与所修复的像素进行匹配，从而将图像修复得更加完美。

源

"源" 源: 取样 图案 指定用于修复像素的源。选择"取样"可以使用当前图像的像素，选择"图案"可以使用某个图案的像素。如果选择了"图案"，可从"图案"拾色器 中选择一个图案进行绘制。

扩散

"扩散"可控制粘贴的区域以怎样的速度适应周围的图像。图像中如果有颗粒或精细的细节应选择较低的数值，图像如果比较平滑应选择较高的数值。

修复画笔工具的运用

（1）选择修复画笔工具。

（2）选择一种画笔并设置其"大小""硬度""间距"等参数。

（3）在工具选项栏中设置"模式""源""样本""扩散"等参数。

（4）按住 Alt 键并单击要复制的图像区域，此操作将设定开始复制的起点。

（5）松开 Alt 键，移动鼠标指针到需要修复的区域并单击，即可修复斑点或痘印等瑕疵。

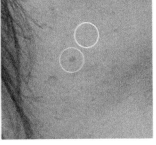

原图   取样与修复（白色圆圈内为取样点，   修复瑕疵
                        黄色圆圈内为修复点）

3. 修补工具

修补工具可以用其他区域或图案中的像素来修复选中的区域。

修补

正常：需要修补的区域会被样本区域的像素填充。

内容识别：需要修补的区域会根据周围像素进行智能识别，让样本区域的像素和被修补的区域像素以一定的方式结合在一起。内容识别包括"结构"和"颜色"两个选项。

结构

"结构"可指定修补在反映现有图像图案时应达到的近似程度，数值越大，修补内容越会严格遵循现有图像的图案。

原图　　　　　　　　　框选选区　　　　　　　　"结构"为1　　　　　　　"结构"为7

颜色

"颜色"可指定修补内容颜色混合程度，数值越大，应用颜色混合程度越大。

原图　　　　　　　　　框选选区　　　　　　　　"颜色"为0　　　　　　　"颜色"为10

源和目标的区别

在图像中拖曳选择想要修复的区域，可选择"源"。

在图像中拖曳选择要从中取样的区域，可选择"目标"。

 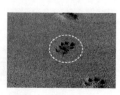  

原图　　　　　　　　　创建区域并拖曳　　　　　　选择"源"　　　　　　　选择"目标"

透明

勾选"透明"复选框，可以从取样区域中抽出具有透明背景的纹理。此选项非常适用于修补具有清晰纹理的纯色背景或渐变背景。

不勾选"透明"　　　　　　　　　　　　勾选"透明"

使用图案

在创建好修补区域以后，使用图案进行填充即可。

修补工具的运用

（1）选择修补工具。

（2）在图像中拖曳选择要修补的区域。

（3）在工具选项栏中

进行设置。

（4）将选区拖曳到想要进行取样的区域，这里是拖曳到了平整的地方，即完成了对画面的修补。

原图　　　　　　　　　　选择需要修补的区域　　　　　　　拖曳到平整的地方完成修补

7.2　图章工具组

图章工具组中仿制图章工具比较常用，可用来去水印、修补图像的缺陷、复制图像部分内容等。该组工具的快捷键为S。

1.　仿制图章工具

仿制图章工具 可以将图像的一部分绘制到该图像的另一部分；还可以在其他打开的文档中仿制内容，前提是其他的文档要和源文档图像的颜色模式保持一致；也可以将一个图层的一部分绘制到另一个图层。此工具对于复制对象或移除图像中的缺陷很有用。

仿制源

在选择仿制图章工具时，可在工具选项栏中单击"切换仿制源面板"按钮🔛，此时会弹出"仿制源"面板。

在此面板中，可以设置5个不同的样本源，而不用在每次更改为不同的样本源时重新取样。按住 Alt 键单击图像设置一个样本源，然后单击"仿制源"面板中的其他仿制源按钮，再按住 Alt 键单击图像设置另一个样本源，以此类推。"仿制源"面板可以存储吸取的样本，且会一直存在，直到关闭文档。

设置5个不同的样本源

W（设置水平缩放比例）或H（设置垂直缩放比例）可以调整样本源的大小。

"保持长宽比"按钮🔗用于在调整样本源大小时约束比例。如果要单独调整尺寸或恢复约束选项，可以单击此按钮。

单击"保持长宽比"按钮且将比例设置为200%

"旋转仿制源"按钮可旋转样本源。

"复位变换"按钮🔄可复位样本源到初始的大小和方向。

"水平翻转"按钮或"垂直翻转"按钮可翻转样本源的方向。

先"水平翻转"再"垂直翻转"的效果（黄色圆圈标注处）

显示叠加：可显示仿制源的叠加。

提示

通常情况下，保持"显示叠加"选项的系统默认状态即可。

对齐

　　勾选"对齐"复选框，可以连续对像素进行取样，即使松开鼠标，也不会丢失当前取样点；取消勾选"对齐"复选框，可以在每次停止并重新开始绘制时继续使用初始取样点中的样本像素。

勾选"对齐"

不勾选"对齐"

样本

　　"样本"可从指定的图层中进行数据取样，包括"当前图层""当前和下方图层""所有图层"3个选项。

　　如果选择"当前图层"，表示只对当前图层中的图像进行取样。左下示意图在图外空白区域取样，在图中粘贴不会显示内容，表明取样不成功；而选择"所有图层"选项，就会对所有图层取样，右下示意图虽然在图外取样，但是在图中粘贴会显示取样内容，表明取样成功。

选择"当前图层"（在取样点取样无效果）

选择"所有图层"（可在取样点取样）

打开以在仿制时忽略调整图层

　　在选择"当前和下方图层"和"所有图层"时，可打开此功能📷以排除调整图层带来的影响。

原图

添加新图像且设置取样点

打开📷的效果　关闭📷的效果

仿制图章工具的运用

　　（1）选择仿制图章工具。

　　（2）从"画笔设置"面板中选取画笔，设置画笔"大小""硬度"等参数。

　　（3）在工具选项栏中设置"模式""不透明度""流量"等参数。

（4）按住 Alt 键并在图像中单击，定义要复制的内容，此操作将设定开始复制的取样点。

（5）将鼠标指针放在其他位置，松开 Alt 键并拖曳鼠标进行绘制，即可将复制的内容应用到当前位置。

原图　　　　　　　　　　　　定义要复制的内容　　　　　　松开 Alt 键并拖曳鼠标进行绘制

2. 图案图章工具

图案图章工具 ▣ 可使用图案进行绘画。

印象派效果：选中该选项后进行涂抹，可以模拟出印象派的图案效果。

图案图章工具的运用

（1）选择图案图章工具。

（2）从"画笔设置"面板中选取画笔，设置画笔"大小""硬度"等参数。

（3）在工具选项中设置"模式""不透明度""流量"等参数。

（4）从工具选项栏中的"图案"拾色器中选择一个图案。

（5）在图像中拖曳进行绘制。

7.3 其他具有修复功能的工具

"内容识别填充"和"内容识别缩放"也具有修复图像的功能，可以通过选定部分内容进行计算识别，从而用图像其他内容来无缝填充或缩放图像中选定的部分。

1. 内容识别填充

内容识别填充用从图像其他部分取样的内容来无缝填充图像中的选定部分。执行"编辑">"内容识别填充"命令，会切换到内容识别填充工作区。

还原矩形选框(O)	Ctrl+Z
重做(O)	Shift+Ctrl+Z
切换最终状态	Alt+Ctrl+Z
渐隐(D)...	Shift+Ctrl+F
剪切(T)	Ctrl+X
拷贝(C)	Ctrl+C
合并拷贝(Y)	Shift+Ctrl+C
粘贴(P)	Ctrl+V
选择性粘贴(I)	▶
清除(E)	
搜索	Ctrl+F
拼写检查(H)...	
查找和替换文本(X)...	
填充(L)...	Shift+F5
描边(S)...	
内容识别填充...	

各个选项介绍

取样画笔工具 ✅ ：可以添加或删除用于填充选区的取样图像区域。"添加到叠加区域" ⊕ 是添加到默认取样区域，"从叠加区域中减去" ⊖ 是从默认取样区域删除，这两个功能可以在使用取样画笔工具时按住 Alt 键进行切换。需要改变画笔大小可在"大小" 大小 250 处输入数值或拖曳滑块。

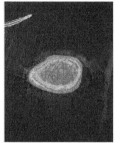

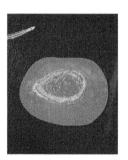
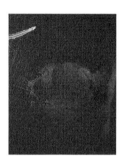

原选区取样范围　　　　　结果　　　　　　　　增大取样范围　　　　　结果

套索工具 ⬡ 和多边形套索工具 ⬡ ：操作方式可参考"5.2 套索工具组"。"扩展" 扩展 与 "收缩" 收缩 指的是选区的扩展与收缩，可以通过指定像素数量来进行微调。

原选区　　　　　　　　　结果　　　　　　　　选择"扩展"　　　　　　结果

抓手工具 ✋ 与缩放工具 🔍 ：在文档窗口和预览窗口均可使用，具体操作方法可参考"4.1 视图调整"。

显示取样区域：选择此选项可将取样区域或已排除区域作为快速蒙版查看。若想复位到默认取样区域，可单击"重置取样区域"按钮 ⟲ 。

不透明度：设置文档窗口中所显示叠加的不透明度。

"不透明度"为 20%　　　　　　"不透明度"为 50%　　　　　　"不透明度"为 80%

颜色：设置文档窗口中所显示叠加的颜色。

指示：显示"取样区域"或"已排除区域"中的叠加。

"取样区域"   "已排除区域"

颜色适应：调整对比度和亮度以取得更好的匹配度，用于填充包含渐变颜色或纹理变化的内容。

原图   "无"   "默认值"   "高"   "非常高"

旋转适应：允许旋转内容以取得更好的匹配度，适合填充包含旋转或弯曲图案的内容。

原图选区   "无"   "中"

缩放：选择此选项可允许调整内容大小以取得更好的匹配度，非常适合填充包含具有不同大小或透视的重复图案的内容。

原图选区

不勾选"缩放"进行识别

勾选"缩放"进行识别

镜像：选择此选项可允许水平翻转内容以取得更好的匹配度，适合填充水平对称的图像。

原图选区

不勾选"镜像"进行识别

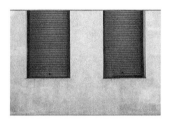
勾选"镜像"进行识别

输出设置：可以将内容识别填充应用于"当前图层""新建图层"或"复制图层"。

以上参数如果想要恢复到默认值，可单击"复位所有设置"按钮。

内容识别填充的运用

（1）在图像中创建一个想要指定的选区。

（2）执行"编辑">"内容识别填充"命令。

（3）在工具栏中选择适当的工具对图像选区进行细致调节。

（4）对相关参数进行设置，让内容识别更加精确与自然。

（5）完成所有的设置后，单击"确定"按钮即可完成操作。

原图

创建选区

操作完成后的效果

内容识别填充的其他方式

（1）在图像中创建一个想要指定的选区。

（2）执行"编辑">"填充"命令，或在图像上单击鼠标右键，选择"填充"命令，弹出"填充"面板。在"内容"下拉列表中选择"内容识别"。

颜色适应：调整对比度和亮度以取得更好的匹配度。

保留透明区域：如果在操作范围内有透明区域，在内容识别后图像的透明区域将会保留。

（3）在模式中选择一种混合模式，设置不透明度后单击"确定"按钮即可。

原图　　　　　　　　　　创建选区　　　　　　　　　　操作完成后的效果

2.　内容识别缩放

内容识别缩放（快捷键为 Alt + Shift + Ctrl + C ）可在不更改重要可视内容（如人物、动物、建筑等）的情况下调整图像大小。

数量

"数量"可指定内容识别缩放的百分比。

保护

"保护"可选取指定要保护区域的Alpha通道。

保护肤色

单击"保护肤色"按钮 ，可以保护包含肤色的图像区域，避免其变形。

内容识别缩放的运用

（1）在图像中创建一个想要指定的选区。如果是缩放背景图层，则执行"选择">"全部"命令，快捷键 Ctrl + A 。

（2）执行"编辑">"内容识别缩放"命令。

（3）在工具选项栏中设置参数。

（4）完成所有的设置后即可对所选区域进行缩放。

原图

全选

进行缩放

7.4 修饰工具组

修饰工具组可细致地修饰局部图像的明度和饱和度。该工具组的快捷键为 O 。

1. 减淡工具

减淡工具 可使图像中某些区域变亮。

范围

　　"范围"包括"阴影""中间调""高光"3个选项。

　　阴影：对应调整暗部色调像素区域。

　　中间调：对应调整中间色调像素区域。

　　高光：对应调整亮部色调像素区域。

原图

"阴影"

"中间调"

"高光"

曝光度

　　"曝光度"用来设置减淡的强度，数值越大，强度越大，被涂抹区域变亮效果越明显。

保护色调

　　勾选"保护色调"复选框，可以减小调整对色调的影响，还可以防止颜色发生色相偏移。

不勾选"保护色调"进行减淡　　勾选"保护色调"进行减淡

减淡工具的运用

　　（1）选择减淡工具。

　　（2）从"画笔预设"面板中选取画笔，设置画笔"大小""硬度"等参数。

　　（3）从工具选项栏的"范围"中选定需要调整的区域，调整"曝光度"的数值。

　　（4）选择需要调整的区域，用鼠标进行拖曳即可。

2.　加深工具

　　加深工具 可使图像中某些区域变暗，具体操作可参考减淡工具。

3.　海绵工具

　　海绵工具 可精确地更改图像中某些区域的色彩饱和度。

模式

　　"模式"包括"去色""加色"两个选项。

　　去色：可以降低图像色彩的饱和度。

　　加色：可以增加图像色彩的饱和度。

流量

　　"流量"可设置饱和度变化速率，数值越大，被海绵工具涂抹的区域变化强度越大。

自然饱和度

　　勾选该复选框后，提高饱和度时可以避免出现溢色。

海绵工具的运用

　　（1）选择海绵工具。

　　（2）从"画笔预设"面板中选取画笔，设置画笔"大小""硬度"等参数。

　　（3）从工具选项栏中选择"模式"为"去色"或"加色"，然后设置"流量"参数。

　　（4）选择需要调整的区域，拖曳进行涂抹即可。

原图　　　　　　　　　　　　　"去色"模式绘制　　　　　　　　　　　　"加色"模式绘制

7.5　涂抹工具组

涂抹工具组可细致地调整局部图像的边缘和颜色过渡。

1.　模糊工具

模糊工具◊可以柔化图像，使细节变得模糊。

强度

"强度"可用来设置模糊工具的模糊强度，数值越大，被涂抹像素区域的模糊强度越大。

模糊工具的运用

（1）选择模糊工具。

（2）从"画笔预设"面板中选取画笔，设置画笔"大小""硬度"等参数。

（3）从工具选项栏中选择"模式"，并设置"强度"数值。

（4）在需要处理的区域进行涂抹即可。

原图

用模糊工具涂抹

2.　锐化工具

锐化工具△可以增强图像中相邻像素之间的对比，从而提高图像的清晰度。具体操作方法可参考模糊工具。

保护细节

勾选"保护细节"复选框，可保护被涂抹的像素细节，防止因过度涂抹而破坏画面。

原图

勾选"保护细节"

不勾选"保护细节"

3. 涂抹工具

涂抹工具 模拟用手指划过湿油漆时所获得的效果。该工具可拾取描边开始位置的颜色，并沿拖曳的方向展开该颜色。

手指绘画

勾选"手指绘画"复选框，可以使用前景色进行涂抹绘制。当用涂抹工具拖曳时，按住 Alt 键可临时开启该功能。

涂抹工具的运用

（1）选择涂抹工具。

（2）从"画笔预设"面板中选取默认的柔边画笔。将画笔"间距"设置为94%，"散布"设置为62%，勾选"两轴"复选框。

（3）从工具选项栏中选择"模式"，并指定"强度"数值。

（4）在图像中拖曳以涂抹像素，得到想要的结果。

原图 进行设置 结果

7.6 实战案例：绽放美丽容颜

想要将一张斑点多的脸部图片修干净，除了需要熟悉本章讲到的工具，还需要耐心，不可急于求成。

1. 导入图片

按 Ctrl+O 快捷键，打开本书学习资源中的"素材文件\第7章\绽放美丽容颜"文件夹，将素材图片导入。图片有些大，可按 Ctrl+Alt+I 快捷键调出"图像大小"对话框，将"宽度"设置为50厘米，其他设置参考下页图。然后按 Ctrl+O 快捷键将图像放大到合适大小。

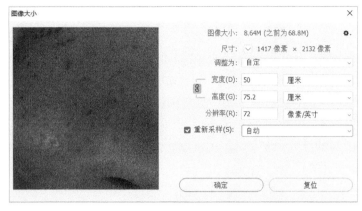

2.　复制图层，开始修复

按 Ctrl + J 快捷键复制图层，命名为"男孩"。选择污点修复画笔工具，在工具选项栏中将"类型"设置为"内容识别"。将画笔调整到合适大小后，开始去除鼻子及周围的斑点。

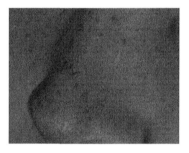

提示

调整画笔大小的方法：[] 键为缩小，[] 键为放大；或者按住 Alt 键的同时按住鼠标右键不松开，向左拖曳为缩小画笔，向右拖曳为放大画笔。

3.　去除头发周围的斑点

头发周围的斑点可用仿制图章工具进行修复。按住 Alt 键选取没有斑点的皮肤区域，修复头发周围的斑点。然后继续用污点修复画笔工具去除剩余的斑点。

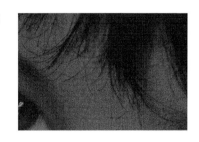

4. 处理颜色不均匀区域

将图片缩小，可看到很多颜色不均匀的地方。用套索工具选取一处颜色不均匀的区域，执行"编辑">"内容识别填充"命令。用套索工具选出其他颜色不均匀的部分，细致勾选完成后，单击"确定"按钮。按 Ctrl +D 快捷键取消选区，此时的画面就变得更自然了。

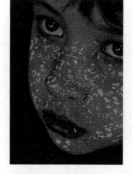

5. 整体调亮图像

按 Ctrl +J 快捷键复制图层，命名为"男孩 拷贝"。然后选择减淡工具，在工具选项栏中将画笔调大到覆盖整个画面，并将"范围"设置为"中间调"，"曝光度"设置为15%，用画笔从上往下涂抹，将图像适当调亮。

6. 进一步处理

选择海绵工具，将"模式"设置为"加色"，"流量"设置为10%，用画笔从上往下涂抹，让男孩的肤色显得更加红润。观察发现嘴唇颜色太红了，可将"模式"改为"去色"，"流量"改为5%，适当涂抹嘴唇。

7. 调整明暗关系

按 Ctrl +J 快捷键复制图层，命名为"男孩 拷贝1"。选择减淡工具，将"范围"设置为"中间调"，"曝光度"设置为10%，适当涂抹明暗关系不自然的区域。然后选择加深工具，将"范围"设置为"中间调"，"曝光度"设置为20%，让明暗关系更自然。最后可用减淡工具适当提亮眼白，用加深工具适当加深瞳孔。

08

精准抠图的好
帮手：路径绘制

学习各类抠图工具之前，要先理解路径和锚点之间的关系。从外观上看，路径是一段段的线条状轮廓，各个路径段由锚点连接，路径的外形也通过锚点调节。复杂的图形一般由多个相互独立的路径组成。

8.1 钢笔工具组

钢笔工具组可以创建矢量图形和路径，常用于较为细致的抠图。

1. 钢笔工具

在平时使用PS的过程中，经常会使用到钢笔工具 （快捷键为 P ）。它不仅可以创建非常准确的选区，也可以自由绘制各种形状。

工具模式

工具模式包括"形状""路径""像素"，可选择"形状"或"路径"。"像素"在钢笔工具中是不可选的，因为它不属于钢笔工具，但它在形状工具中可使用，"8.2 形状工具组"将会详细讲解。

形状

用"形状"模式可创建矢量形状图形，在开始创建的时候会在"图层"面板中自动生成一个形状图层。

填充：为创建的形状填充内容，在下拉面板中可选择不填充任何内容，也可选择填充"纯色""渐变""图案"。

设置形状描边类型：为创建的形状描边，操作方式和"填充"一样。

设置形状描边宽度：可输入数值或拖曳滑块改变像素大小。

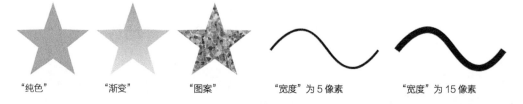

| "纯色" | "渐变" | "图案" | "宽度"为 5 像素 | "宽度"为 15 像素 |

描边选项：可选择描边的对齐方式、端点类型和角点类型。对齐方式包括内部 ▯、居中 ▯、外部 □，端点类型包括端面 ᴇ、圆形 ᴇ、方形 ᴇ，角点类型包括斜接 ⊩、圆形 ⊩、斜面 ⊩。

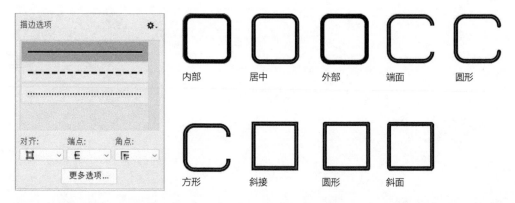

路径

使用"路径"模式绘制出的是路径轮廓，只保存在"路径"面板中。绘制路径后，单击工具选项栏中的"选区""蒙版""形状"按钮，可分别将其转换为选区、矢量蒙版和形状图层。

路径操作

"合并形状组件"可以合并重叠的路径组件。

其他选项的作用可参考下图。

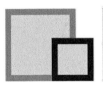　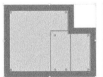　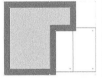　　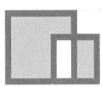

新建图层　　　　合并形状　　　　减去顶层形状　　　与形状区域相交　　　排除重叠形状

路径对齐/排列方式

具体操作方法可参考"4.2 对齐与分布功能"。

设置其他钢笔和路径选项（齿轮按钮 ）

该功能可以更改路径的粗细和颜色。勾选"橡皮带"复选框，在绘制时可显示路径外延。

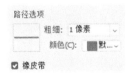　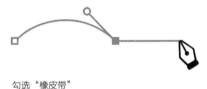

勾选"橡皮带"

自动添加/删除

勾选"自动添加/删除"复选框，可在单击线条时添加锚点，或在单击锚点时删除锚点。

对齐边缘

勾选"对齐边缘"复选框，可让绘制的矢量形状边缘对齐像素网格。

用钢笔工具绘制直线

（1）选择钢笔工具。

（2）用钢笔工具定位第一个锚点（不要拖曳）。

（3）再次单击定位第二个锚点（按住 Shift 键并单击可以将路径角度限制为45°的倍数）。

（4）重复以上操作。

（5）如果想要闭合路径，可以将钢笔工具定位到起始锚点附近，当鼠标指针旁出现一个小圆圈 时，单击即可。

定位第一个锚点　　定位第二个锚点　　　重复操作　　　　　创建完成

用钢笔工具绘制曲线

（1）选择钢笔工具。

（2）用钢笔工具定位第一个锚点，按住鼠标左键并拖曳，鼠标指针变为一个箭头，同时会出现两个控制手柄。

（3）再次单击定位第二个锚点，重复第一个锚点的操作（按住 Shift 键并拖曳控制手柄时，可以将控制手柄的角度限制为45°的倍数）。

（4）重复以上操作，想要闭合路径时，可以将钢笔工具定位到起始锚点附近，当时鼠标指针旁出现一个小圆圈 时，单击即可。

定位第一个锚点并拖曳　　定位第二个锚点并拖曳　　定位第三个锚点并拖曳

用钢笔工具绘制直线和曲线混合的线

（1）选择钢笔工具。

（2）用钢笔工具定位第一个锚点，然后松开鼠标。

（3）再次单击定位第二个锚点，按住鼠标左键并拖曳。

（4）在此锚点上，按住 Alt 键并单击，即可删除锚点上向外的控制手柄。

（5）定位第三个锚点。

定位第一个锚点　　定位第二个锚点并拖曳　　按住 Alt 键单击　　定位第三个锚点

绘制由锚点连接的两条曲线

（1）选择钢笔工具。

（2）用钢笔工具定位第一个锚点，创建曲线的第一个锚点。

（3）定位第二个锚点，按住鼠标左键并拖曳。

（4）按住 Alt 键，将控制手柄向其相反方向拖曳，设置下一条曲线的斜度。

（5）定位第三个锚点并拖曳。

定位第一个锚点　　定位第二个锚点并拖曳　　按住 Alt 键拖曳控制手柄　　定位第三个锚点并拖曳

编辑已完成的路径

（1）创建一个闭合的曲线路径。

（2）在想要修改的锚点处按住 Ctrl 键，当鼠标指针变为直接选择工具 时，单击锚点，此时锚点被选中，就可以调整控制手柄或锚点位置了。

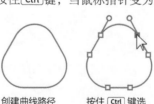

创建曲线路径　　按住 Ctrl 键选中锚点　　拖曳控制手柄　　拖曳锚点

完成路径的绘制

如果想要闭合路径，将钢笔工具定位到起始锚点附近，当鼠标指针旁出现一个小圆圈 🖋。时，单击即可。

如果不想闭合路径，在按住 [Ctrl] 键的同时单击所有路径以外的任意位置即可。

如果路径还没绘制完（路径没闭合）且进行了确认，想要继续绘制，可在按住 [Ctrl] 键的同时单击路径端点，然后松开 [Ctrl] 键，当鼠标指针旁出现一个锁链样式的图标 🖋。时，单击即可继续绘制。

如果想要把路径转换为选区，可在创建好路径以后，在图像任意位置单击鼠标右键，选择"建立选区"命令，也可以直接按 [Ctrl] + [Enter] 组合键。

按住 [Ctrl] 键选中路　　松开 [Ctrl] 键变成 🖋。　　继续绘制　　　　　　转换为选区
径端点

2.　自由钢笔工具

自由钢笔工具 🖋（快捷键为 [P]）就像用铅笔在纸上绘图一样，其工具选项栏有多个选项与钢笔工具一样，这里介绍其与钢笔工具不同的选项。

路径选项

自由钢笔工具的该选项比钢笔工具多了"曲线拟合""钢笔压力"选项和"磁性的"选项组。

曲线拟合：控制最终路径对鼠标或压感笔移动的灵敏度，数值越高，生成的锚点越少，路径越简单。

"磁性的"可调节"宽度""对比""频率"等参数。"宽度"可输入1~256的像素值，磁性钢笔只检测从指针开始指定距离以内的边缘；"对比"可输入1~100的百分比值，指定将该区域看作边缘所需的像素对比度，此数值越高，图像的对比度越低；"频率"可输入0~100的数值，指定钢笔设置锚点的密度，此数值越高，路径锚点的密度越大。

磁性的

勾选"磁性的"复选框，自由钢笔工具会变成磁性钢笔工具，指针旁会出现一个磁铁图标 🖋，它可以自动识别对象的边缘。该选项的功能与磁性套索工具非常相似，不过准确度较低。

勾选"磁性的"的自由钢笔工具的运用

（1）选择自由钢笔工具，勾选工具选项栏中"磁性的"复选框。

（2）在"路径选项"中设置"宽度""对比""频率"等参数。

（3）在图像中单击，设置第一个锚点。

（4）移动鼠标指针或沿要绘制的边缘拖曳。

（5）如果路径没有与所需的边缘对齐，可单击手动添加锚点。然后继续沿边缘绘制，如果出现错误，按 Delete 键可删除上一个锚点。

（6）完成路径绘制。按 Enter 键可闭合路径，在路径外侧双击可闭合包含磁性段的路径。

（7）按 Ctrl + Enter 组合键可把路径转换为选区，即可抠出图像。

自由钢笔工具的运用

（1）选择自由钢笔工具。

（2）按住鼠标左键进行拖曳，绘制完成后松开鼠标。

（3）如果需要继续绘制，可将鼠标指针定位在路径
的一个端点处，继续拖曳。

（4）松开鼠标即可创建完成。

3. 弯度钢笔工具

弯度钢笔工具 （快捷键为 P ）可便捷绘制平滑曲线和直线。

弯度钢笔工具的运用

（1）选择弯度钢笔工具。

（2）单击或按住鼠标左键在图像中任意位置拖曳，定位第一个锚点。

（3）再次单击或者单击并拖曳定位第二个锚点，即可完成路径第一段的绘制。

> **提示**
>
> 如果要绘制一段弯曲路径，则需要单击第二个锚点；如果要绘制直线，则需要双击第二个锚点。

（4）在绘制弯曲路径时，可以拖曳调整路径的弯曲度和弯曲方向，从而使曲线保持平滑。

（5）绘制其他路径后，按 Esc 键完成绘制。

定位第一个锚点   定位第二个锚点   绘制其他路径   路径绘制完成

4. 添加锚点工具

添加锚点工具 可在已绘制的路径中添加锚点。

5. 删除锚点工具

删除锚点工具 可在已绘制的路径中删除锚点。

8.2 形状工具组

形状工具组可以轻松绘制和编辑各种矢量形状，快捷键为 U 。

1. 矩形工具

矩形工具 可创建矢量矩形。在PS 2021年以后的版本中，此工具还可以调整矩形的直角为圆角，而圆角矩形工具则被去除了。

工具模式

可选择"形状""路径""像素"3种工具模式，这些模式具体操作和使用方式大同小异。只是在选择"像素"模式时，所创建的矩形为位图图像，填充内容为前景色。

路径选项

不受约束：创建的矩形可随意拖曳拉伸。

方形：创建的矩形都是正方形。

固定大小：可输入数值创建固定大小的矩形。

比例：可输入数值创建固定比例的矩形。

从中心：勾选此复选框，即从中心开始创建矩形。

路径选项		
	粗细：1像素	
	颜色(C)：默…	
● 不受约束		
○ 方形		
○ 固定大小	W：	H：
○ 比例	W：	H：
☑ 从中心		

> **提示**
>
> 矩形工具的操作技巧
>
> 1.在选中矩形工具拖曳创建矩形时，按住 Shift 键可绘制正方形，按住 Alt 键可从中心点进行绘制，同时按住 Shift 键和 Alt 键，可从中心点绘制正方形。

2.在选中矩形工具时单击文件编辑区任意位置，会弹出"创建矩形"对话框，可设置矩形的"宽度""高度""半径"等参数。

设置圆角的半径

可输入数值以设置圆角的大小，数值越大，圆角越大。也可将鼠标指针移动至此选项图标附近，当鼠标指针出现双箭头时，向右拖曳增大数值，向左拖曳减小数值。

"属性"面板

形状属性

在创建矩形后，可在"属性"面板中观察或更改此矩形的各种参数。

变换：可观察或更改矩形位置（X/Y）、大小（W/H）、旋转角度、水平或垂直翻转。

| 原图 | 放大 | 旋转30° | 水平翻转 | 垂直翻转 |

外观：可观察或更改矩形的填充和描边状态，对应工具选项栏中的"填充"和"描边"。"描边"下方可更改矩形的圆角半径，如果不选中链接图标，可分别调节每个边角的圆角半径。

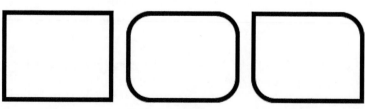

| "圆角"为0像素 | "圆角"为30像素 | 一对角为0像素，一对角为30像素 |

蒙版

蒙版□：可设置形状的"密度"大小和"羽化"大小。

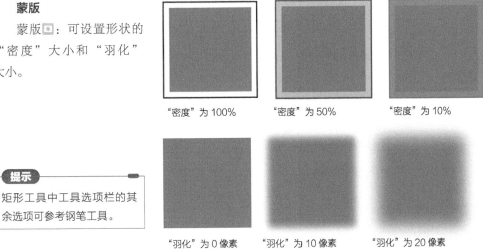

"密度"为100%　　　　"密度"为50%　　　　"密度"为10%

提示

矩形工具中工具选项栏的其余选项可参考钢笔工具。

"羽化"为0像素　　　　"羽化"为10像素　　　　"羽化"为20像素

矩形工具的运用

（1）选择矩形工具，定位起点。

（2）拖曳绘制矩形。如果工具模式选择"形状"，此时会在"图层"面板中自动创建一个新的形状图层。

（3）创建完毕，新版本的PS软件还可以拖曳控制点将矩形调整为圆角矩形。

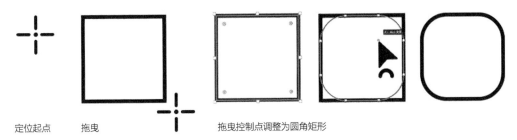

定位起点　　拖曳　　　　　　　拖曳控制点调整为圆角矩形

2. 圆角矩形工具

圆角矩形工具▣可创建圆角矩形，在PS 2021年以后的版本中被优化整合到了矩形工具中，具体参数设置与操作方法可参考矩形工具。

3. 椭圆工具

椭圆工具◎可绘制圆形，具体参数设置与操作方法可参考矩形工具。

4. 多边形工具

多边形工具◎可绘制多边形，具体参数设置与操作方法可参考矩形工具。

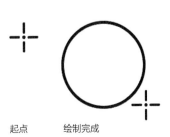

起点　　　　绘制完成

路径选项

　　星形比例：可设置星形的形状，默认为100%。

　　平滑星形缩进：勾选此复选框可缩进形状且平滑内角。

设置边数

　　可设置绘制的多边形边数，如果输入数字为6，那么绘制的多边形为六边形。

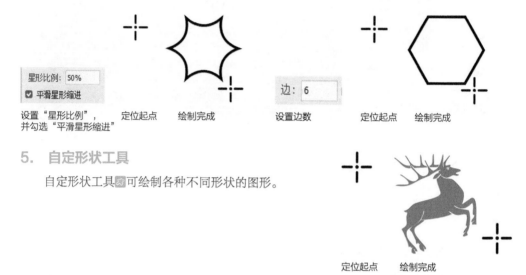

设置"星形比例"，　定位起点　绘制完成　　　　设置边数　　　定位起点　绘制完成
并勾选"平滑星形缩进"

5. 自定形状工具

　　自定形状工具 可绘制各种不同形状的图形。

定位起点　　绘制完成

设置待创建的形状

　　该选项包含了软件自带的很多形状预设，选择一个形状进行创建即可。

　　下拉列表右侧的 ◦ 图标用于设置形状预设的显示方式，用户可以在软件自带的形状预设的基础上，追加默认形状和从外部导入形状。

8.3　历史记录画笔组

　　此工具组中的工具可以使用指定的历史记录状态或快照中的源数据来绘制图像。本组工具的快捷键为 Y。

1. 历史记录画笔工具

　　历史记录画笔工具 可让图像呈现编辑过程中某一步骤时的状态。在相同的位置从一个状态或快照还原到另一个状态或快照。

历史记录画笔工具的运用

（1）选择历史记录画笔工具。

（2）在工具选项栏中设置"模式""不透明度"等参数，具体调节方法可参考画笔工具。

（3）在"历史记录"面板中，单击要用作历史记录画笔工具来源的状态或快照（设置源）。源历史记录状态旁会出现画笔图标。

（4）进行绘制。

原图　　　　　　　　设置源　　　　　　　　增加效果　　　　　　　　绘制完成

2.　历史记录艺术画笔工具

历史记录艺术画笔工具和历史记录画笔工具一样，只不过该工具在使用时，还可展示出不同的颜色和艺术风格。

样式

"样式"可通过选择不同选项控制绘画描边的形状。

缤紧短
缤紧中
缤紧长
松散中等
松散长
轻涂
缤紧卷曲
缤紧卷曲长
松散卷曲
松散卷曲长

容差

"容差"可通过输入数值限定可用于绘画描边的区域。"容差"较低时可在图像中的任何地方绘制无数条描边，"容差"较高时将绘画描边限定在与源状态或快照中颜色明显不同的区域。

"容差"为 10%　　　　　　"容差"为 100%

历史记录艺术画笔工具的运用

（1）在"历史记录"面板中，单击要用作历史记录艺术画笔工具来源的状态或快照。

（2）选择历史记录艺术画笔工具。

（3）在工具属性栏中设置"模式""不透明度""容差"等参数。

（4）在"历史记录"面板中，单击要用作历史记录画笔工具来源的状态或快照（设置源）。源历史记录状态旁会出现画笔图标。

（5）进行绘制。

原图

设置源

增加效果

绘制完成

8.4 选择工具组

选择工具组内的工具可以让我们在选择和编辑路径时更加方便，本组工具的快捷键为Ⓐ。

1. 路径选择工具

可选择路径组件（包括形状图层中的形状）。如果路径由几个路径组件组成，则只有指针所指的路径组件被选中。可以按住 Shift 键加选或拖曳选框选择其他路径组件。

此工具可调整路径组件的整体位置、形状和大小。

2. 直接选择工具

可选择路径段，或者单击路径段上的某个锚点。可以按住 Shift 键加选或者拖曳选框选择其他路径段或锚点。

8.5 实战案例：制作形状图形海报

用钢笔工具制作海报是一件很有意思的事，我们可根据自己的需求大胆地勾画路径，并通过填充不同的颜色，制作出富有设计感的作品。

1. 新建文档

新建一个矩形画布，尺寸为60厘米×90厘米，"方向"为竖向，"分辨率"为200像素/英寸，"颜色模式"为"RGB颜色"，"背景内容"为白色。

2.　勾勒身体轮廓

按 Ctrl + O 快捷键，打开本书学习资源中的"素材文件\第8章\制作形状图形海报"文件夹，导入素材图片，并命名为"女孩"。然后新建一个图层，选择钢笔工具，设置"工具模式"为"形状"，"描边"颜色为红色，"描边"宽度为1像素。设置好之后勾勒人物轮廓，形成图层"形状1"，再单独勾勒耳朵轮廓，形成图层"形状2"。

形状 1

形状 2

3.　勾勒暗面轮廓

勾勒暗面轮廓，分别形成图层"形状3""形状4""形状5""形状6"。

形状 3

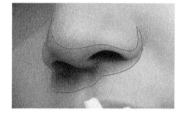

形状 4

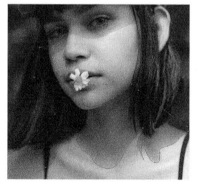

形状 5

形状 6

4.　调整暗面轮廓

选择钢笔工具，按住 Ctrl 键选择"形状5"图层。可增加3个锚点，其中两边的锚点是调整该路径整体变形的范围，中间的锚点用于调整形状。按住 Ctrl 键拖曳调整中间的锚点，然后继续增加锚点，并按住 Ctrl 键拖曳调整。

> **提示**
>
> 想要让形状变得尖锐，可以按住 Alt 键用鼠标单击调整。

5. 勾选其他细节

　　勾选其他细节，包括嘴
巴、鼻孔、嘴巴中间阴影、
肩带，分别生成图层"形状
7""形状8""形状9""形
状10""形状11""形
12"。然后按住 Shift 键选
择图层"形状1"至"形状
12"，并按 Ctrl + G 快捷键
创建组，命名为"组1"。

形状 7

形状 8（左鼻孔）、形状 9（右鼻孔）

形状 10

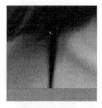

形状 11（左肩带）　　　形状 12（右肩带）

> **提示**
>
> 可以勾选一下肩带外缘，以便于将投影选中。
>
>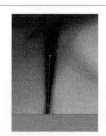
>
> 形状 13　　　　　　　形状 14

6. 勾选头发轮廓

　　在勾选头发轮廓时，可忽略一些细节，
整体概括即可，生成图层"形状15"。然
后勾选几处头发的亮面，生成图层"形状
16"～"形状21"。按住 Shift 键选择"形状
15"至"形状21"，并按 Ctrl + G 快捷键创
建组，命名为"组2"。

形状 15　　　　　　　形状 16

形状 17

形状 18

形状 19

形状 20

形状 21

7. 填充颜色

选择"组1"和"组2"，在形状工具组随意选择一种形状工具，然后在工具选项栏选择"形状"，以便调整"填充"和"描边"参数。这里将"描边"颜色设置为无颜色，"填充"颜色设置为与肤色相近的颜色。这里可将"形状4"至"形状12"图层隐藏，然后按 Ctrl + E 快捷键将"形状1"和"形状2"合并。

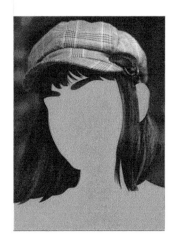

8. 区分明暗面

图层"形状3"明显比面部轮廓大一些，需用鼠标右键单击该图层，在弹出的菜单中选择"创建剪贴蒙版"命令。然后将皮肤亮面"填充"颜色设置为白色。

9.　进一步填充

　　将"形状4"至"形状12"全部创建剪贴蒙版（右键单击相应图层，在弹出的菜单中选择"创建剪贴蒙版"命令），并将这些图层全部显示出来（单击图层左侧的◎图标处）。嘴巴部分（"形状7"）可设置一个较亮的颜色，这里选择的是玫红色；嘴巴中间阴影部分（"形状10"）、鼻孔部分（"形状8"和"形状9"）及肩带部分（"形状11"和"形状12"）可设置为黑色；肩带外缘的阴影（"形状13"和"形状14"）可设置为接近肤色的颜色。

10.　勾勒嘴巴上的花朵

　　用钢笔工具勾勒嘴巴上的花瓣，生成图层"形状22"；勾勒花蕊，生成图层"形状23"。这两个图层在所有图层之上。将花瓣的"填充"颜色设置为白色，花蕊的"填充"颜色设置为黄色，为了让对比更鲜明，可适当加深嘴唇颜色。

形状 22

形状 23

11.　填充头发颜色

　　将图层"形状15"的"填充"颜色设置为黑色，图层"形状16"至"形状21"的"填充"颜色设置为玫红色，可以直接双击相应形状图层左侧的图层缩览图，打开"拾色器"对话框，用吸管工具吸取嘴唇颜色。

12. 绘制帽子

选择椭圆工具绘制一个较大的帽子，命名为"帽子"，放在"女孩"图层上方。

13. 添加背景颜色

在"背景"上方新建一个背景图层，命名为"背景颜色"，"填充"颜色设置为黄色（可用吸管工具吸取花蕊"形状23"的黄色）。然后为帽子添加帽檐，按 Ctrl + J 快捷键复制图层，命名为"帽子 拷贝"，选择"帽子"图层，按 Ctrl + T 快捷键，适当放大该图层，并双击该图层左侧的图层缩览图，在弹出的"拾色器"对话框中选择白色。

双击此处，可弹出"拾色器"对话框

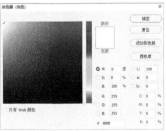

> **提示**
>
> 为了让图层看起来比较简约，可选中"女孩"图层上边的所有图层，并为其创建一个图层组（按 Ctrl + G 快捷键创建），命名为"组3"。

14. 绘制眼镜

选择矩形工具，执行"窗口">"属性"命令，弹出"属性"面板，设置圆角参数。除了左下角圆角设置为400像素，其余圆角设置为200像素，得到图层"圆角矩形1"。按 Alt 键拖曳复制一个圆角矩形，命名为"圆角矩形2"。然后用矩形工具绘制眼镜中梁。接下来为眼镜描边，设置颜色与"背景颜色"一致，"大小"为50像素。最后将中梁的"填充"颜色同样设置为"背景颜色"，并按 Ctrl + T 快捷键进行调整。

15. 调整眼镜

将眼镜片设置为嘴唇的颜色，其余结构设置为白色。选择与眼镜相关的图层，右键单击，在弹出的菜单中选择"转换为智能对象"命令，然后按 Ctrl + T 快捷键进行整体调整。为了让眼镜看起来更真实，可为眼镜设置投影，选择钢笔工具进行调整即可。

眼镜设置投影后的效果

16. 制作眼镜腿

选择钢笔工具，将"填充"设置为白色，"描边"颜色设置为无颜色。然后适当调整眼镜整体的位置。

填充: 描边: 1 像素

17. 调整花朵

花朵看起来有些不规整，可将"形状23"（花蕊部分）删除，并用椭圆工具绘制一个圆形进行替换，颜色用吸管工具吸取"背景颜色"。然后按 Ctrl + J 快捷键复制"形状22"（花瓣部分），并按 Ctrl + T 快捷键进行调整，填补花瓣空缺的位置，让花瓣看起来更规整。此外，可为花蕊绘制阴影，直接复制花蕊的椭圆图层，调整位置，并设置为嘴唇颜色，与帽檐的绘制方法相同。

花蕊调整前　　　　　　花蕊调整后

18.　调整头发

用钢笔工具为头发边缘增加两处亮色。

19.　调整皮肤暗面颜色

观察画面可看到皮肤暗面的颜色有些深，可用较浅的颜色填充暗面图层。

20.　在眼镜上绘制心形

选择自定形状工具，将"形状"设置为心形，将"填充"颜色设置为"背景颜色"（黄色），并用钢笔工具对形状进行适当调整，然后按 Ctrl + T 快捷键进行调整。再按 Ctrl + J 快捷键将心形复制至另一个眼镜片上。

21.　添加文字

将图像水平翻转。选择相应图层，按 Ctrl + T 快捷键，选择"水平翻转"命令即可。最后适当为海报添加文字。

09

不容忽视的隐形外衣：通道与选区

通道与选区是PS的核心功能，难易程度跨度大，需要
讲解的东西也很多，这里主要介绍它们的基本用途。

9.1 认识通道

通道是软件的核心知识点，了解通道是很有必要的。在"通道"面板中能够清晰地观察各个通道，如果没有显示此面板，可执行"窗口">"通道"命令打开。通道内容的缩览图在通道名称的左侧显示，在编辑通道时会自动更新缩览图。

A 复合通道
B 颜色通道
C 专色通道
D Alpha 通道

1. 颜色通道与复合通道

颜色通道是在打开新图像时自动创建的。图像的颜色模式决定了所创建颜色通道的数量，如RGB图像模式下的每种颜色（红色、绿色和蓝色）都有一个通道，并且还有一个用于编辑图像的复合通道。

2. 专色通道

专色通道用来存储印刷用的专色。专色是预混油墨，如金属类金银色油墨、荧光油墨等，用于替代或补充普通的印刷色（CMYK）油墨。

3. Alpha通道

Alpha通道可将选区存储为灰度图像。

9.2 通道的基础操作

掌握"通道"面板中对通道的各种编辑方法对后期的设计很有帮助。

1. 通道的显示与隐藏

单击通道左侧的◎图标可显示或隐藏相应通道。要显示或隐藏多个通道，可在◎图标处按住鼠标左键并上下拖曳。

显示通道
隐藏通道

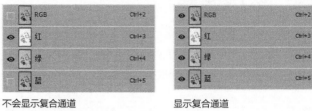

显示复合通道可以查看所有的
默认颜色通道。此外，只要所
有的颜色通道可见，就会自动
显示复合通道。

不会显示复合通道　　　　　　　显示复合通道

缩览图

　　可单击"通道"面板右上角的 ☰ 按钮，选择"面
板选项"命令，在弹出的对话框中可选择缩览图大
小，或单击"无"不显示缩览图。

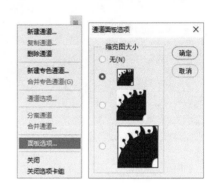

查看缩览图是一种跟踪通道内容的简便方法。不过，关
闭缩览图显示可以适当提高软件的性能。

显示方式

　　在RGB与CMYK图像中，各个通道以灰度显示。如果想更改默认设置，可执行"编
辑"＞"首选项"命令，在弹出的对话框中选择"界面"，勾选"用彩色显示通道"复选框，
单击"确定"按钮。

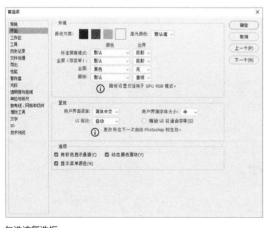

勾选该复选框

呈现的效果

2.　通道的选择与编辑

　　可在"通道"面板中选择一个或多个通道，选中的通道
可突出显示。按住 Shift 键单击可选择/取消选择多个通道。

要编辑某个通道，可选择该通道，然后用绘画或编辑工具在图像中绘画，一次只能在一个通道上绘画。下面以绿色通道为例进行介绍。

A. 用白色绘画可以按100%的强度添加选中通道的颜色。

B. 用灰色绘画可以按较低的强度添加通道的颜色。

C. 用黑色绘画可完全删除通道的颜色。

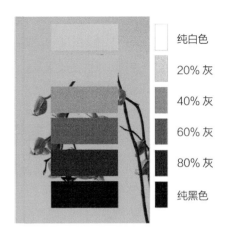

纯白色
20%灰
40%灰
60%灰
80%灰
纯黑色

3. 通道的重新排列与重命名

"通道"面板中列出了图像包含的所有通道，RGB、CMYK和Lab模式的图像会在最上面列出复合通道。在图像处于"多通道"模式（执行"图像">"模式">"多通道"命令）时，才可以将Alpha通道或专色通道移到默认颜色通道上面。

可在"通道"面板中向上或向下拖曳通道，当需要移动至的位置上出现横线时，释放鼠标，即可调整Alpha通道或专色通道的顺序。

选择"多通道"模式

移动 Alpha 通道或专色通道

原始顺序

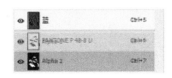

拖曳出现横线

释放鼠标完成拖曳

如果想要为通道重命名，在"通道"面板中双击该通道名称，输入新名称即可。

4. 通道的新建

新建Alpha通道

可单击"通道"面板右上角的 ≣ 按钮，选择"新建通道"命令，或在"通道"面板下方单击"创建新通道"按钮 ▣ 。

提示

按住 Alt 键，单击"创建新通道"按钮，可以弹出"新建通道"对话框。

新建专色通道

在"通道"面板菜单中选择"新建专色通道"命令，可指定专色通道的颜色。单击"颜色"色块，在"拾色器"对话框中单击"颜色库"按钮，即可选取一种颜色。

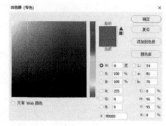
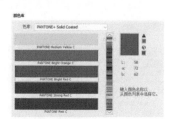

选择"新建专色通道"弹出对话框　　　　单击"颜色库"选择颜色

在"通道"面板中选择现有的Alpha通道并双击，在弹出的对话框中选择"专色"选项，在下方设置颜色和密度，即可将Alpha通道转换为专色通道。

5. 通道的复制

在"通道"面板中选择需要复制的通道，单击鼠标右键，选择"复制通道"命令即可复制通道。

也可在"通道"面板中选择需要复制的通道，把此通道拖曳到面板下方的"创建新通道"按钮上。

6. 通道的删除

在"通道"面板中选择需要删除的通道，单击鼠标右键，选择"删除通道"命令即可删除通道。

也可在"通道"面板中选择需要删除的通道，把此通道拖曳到"删除当前通道"按钮上。

单击鼠标右键，选择"复制通道"　　　单击鼠标右键，选择"删除通道"

拖曳到"创建新通道"按钮上　　　　拖曳到"删除当前通道"按钮上

9.3 存储和载入选区

Alpha通道能存储选区，存储完成后可随时重新加载此选区，甚至可以将此选区加载到其他图像中。

1. 将选区存储到新通道

在图像上创建选区，单击"通道"面板底部的"将选区储存为通道"按钮，此时会生成一个新的Alpha通道。

创建选区   单击"将选区储存为通道"按钮

2. 将选区存储到"文档"和"通道"

在图像上创建选区，执行"选择" > "存储选区"命令。在"存储选区"对话框中指定"文档"和"通道"。如果要将选区存储为新通道，可在"名称"中为该通道输入一个名称。

文档

"文档"可为选区选取一个目标文档。此操作可以把选区储存到现用图像中的通道内，也可储存到新建文档或其他打开的文档通道中。默认状态下，选区会放在现用图像中的通道内。

现用图像

其他图像文档

新建文档

通道

在选定"文档"后，为选区选取一个目标通道，可新建通道，或存储在已创建的通道中。默认情况下，选区会存储在新通道中，如右图所示。

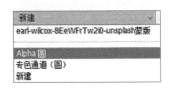

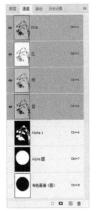
新建通道

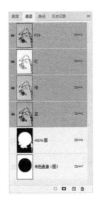
替换通道

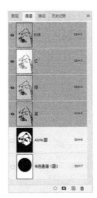
添加到通道

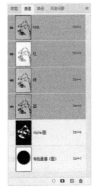
从通道中减去

与通道交叉

新建通道：在"通道"面板中新建一个Alpha通道。

替换通道（"通道"选项选择除"新建"外的Alpha通道时显示）：选区将替换所选通道内容。

添加到通道：将选区添加到当前通道内容中。

从通道中减去：从通道内容中删除选区。

与通道交叉：保留与通道内容交叉的新选区区域。

3. 载入存储的选区

执行"选择">"载入选区"命令，在"载入选区"对话框中设置"源"选项（"文档"和"通道"）。选择一个"操作"选项，指定图像在已包含选区的情况下如何合并选区。

反相

选择未选中区域。

选择"载入选区"　　设置"源"选项　　　　　　　载入的效果　　　勾选"反相"呈现的效果

提示

如果要从另外的图像文档中向现在的图像中载入选区，需要另一个图像文档已在PS中打开。

4.　从"通道"面板载入存储的选区

从"通道"面板载入存储的选区的方法有多种，下面分别进行介绍。

（1）选择Alpha通道，单击面板下方的"将通道作为选区载入"按钮 。也可将包含要载入选区的通道拖曳到该按钮处。

（2）按住 Ctrl 键，将鼠标指针放在相应通道上，当鼠标指针变为抓手+选区图标 时，直接单击通道即可。

（3）按住 Ctrl + Shift 组合键并单击相应通道，鼠标指针会变为抓手+选区内带加号的图标 时，可添加其他通道的选区到现有选区。

（4）按住 Ctrl + Alt 组合键并单击相应通道，鼠标指针会变为抓手+选区内带减号的图标 时，可从现有选区减去其他通道的选区。

（5）按 Ctrl + Alt + Shift 组合键并单击相应通道，鼠标指针会变为抓手+选区内带乘号的图标 ，此时可得到其他通道选区和现有通道选区的交集。

9.4　混合图层和通道

使用与图层关联的混合效果有两种方式，一种是"应用图像"，另一种是"计算"。"应用图像"可以在单个通道或者整个图像中进行混合，而"计算"只能在单个通道中进行混合，混合以后，就会产生新的图像。

1. 应用图像

"应用图像"功能可以将源图像的图层和通道与目标图像的图层和通道混合。打开源图像和目标图像，选择目标图像的图层和通道，执行"图像">"应用图像"命令，在弹出的"应用图像"对话框中设置"源""图层""通道"。然后选择"混合"选项，具体可参考"2.2混合模式的构成"的相关内容。

原图

调整参数

调整后的效果

反相

利用"反相"可在计算中使用通道内容的负片。

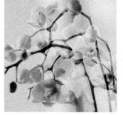
不勾选"反相"

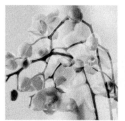
勾选"反相"

混合

这里主要介绍图层混合模式中没有的"相加"和"减去"模式。

相加

该模式可增加两个通道中的像素值，使通道中的图像变亮。

缩放：可输入介于1.000和2.000之间的任何数值。输入较高的"缩放"数值可将图像变暗。

补偿值：可输入介于-255和255之间的整数，使目标通道中的图像变暗或变亮。负值使图像变暗，正值使图像变亮。

"缩放"为1，"补偿值"为0

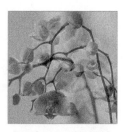
"缩放"为2，"补偿值"为0

"缩放"为1，"补偿值"为-100

"缩放"为1，"补偿值"为0

"缩放"为1，"补偿值"为100

减去

该模式可从目标通道中相应的像素上减去源通道中的像素值。与"相加"模式操作方式一样，只是得到的效果不同。

保留透明区域

勾选此复选框，软件只将结果应用到目标图层的不透明区域。

"缩放"为1，"补偿值"为0

已抠图的原图　　　　　　　不勾选"保留透明区域"　　　　勾选"保留透明区域"

蒙版

在"通道"选项中可以选择颜色通道或Alpha通道作为蒙版，也可使用基于当前选区或选中的图层（透明区域）边界的蒙版。勾选"反相"可反转通道的蒙版区域和非蒙版区域。

原图　　　　　　不勾选"蒙版"　　　　勾选"蒙版"并设置参数　　　调整后的效果

2. 计算

"计算"命令用于混合两个来自一个或多个源图像的单通道，然后将结果应用到新图像或新通道，或现用图像的选区。注意不能对复合通道应用该命令。

打开一个或多个源图像，执行"图像">"计算"命令，设置第一个图像的"源1""图层""通道"，再设置第二个图像的"源2""图层""通道"。然后设置"混合"模式，并进行其他设置。

原图

执行"计算"命令

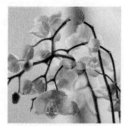

调整后的效果

结果

　　"结果"可指定是将混合结果放入新文档，还是放入现用图像的新通道或选区。

　　其余选项设置可参考本节的"1.应用图像"。

3. 拓展知识：高反差保留

　　因为"高反差保留"和通道的操作息息相关，且后面的"9.5 实战案例：高低频磨皮"中会用到该知识点，所以这里仅简单介绍。

　　执行"滤镜">"其他">"高反差保留"命令，可以打开"高反差保留"对话框。"高反差"滤镜可在颜色发生强烈转变的地方按指定的半径保留边缘细节，并且不显示图像的其余部分（半径为0.1像素时仅保留边缘像素）。此滤镜可移去图像中的低频细节，效果与"高斯模糊"滤镜相反。

选择"高反差保留"

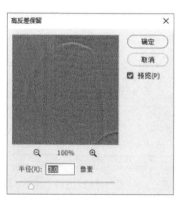

调整参数

呈现的效果

9.5　实战案例：高低频磨皮

　　高低频磨皮可很好地保留皮肤的真实质感。这种修图方式操作简单，原理是先去除图片上大块的斑点，然后找到图像上的光影关系，再提取出皮肤上的真实纹理，最后进行整体调整。

1. 导入图片

按 Ctrl + O 快捷键，打开本书学习资源中的"素材文件\第9章\高低频磨皮"文件夹，将素材图片拖曳到PS中。图片有些大，可按 Ctrl + Alt + I 快捷键调出"图像大小"对话框，将"宽度"设置为50厘米，其他设置参考下图。按 Ctrl + O 快捷键将图像放大至合适大小。

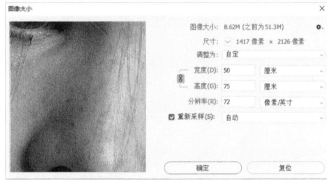

2. 高反差保留设置

按 Ctrl + J 快捷键复制一个图层，自动生成"图层1"。右键单击"通道"面板上的"蓝"通道，在弹出的菜单中选择"复制通道"命令，得到"蓝 拷贝"通道。这里需要将"蓝 拷贝"通道显示出来，并将"蓝"通道隐藏，单击左侧的图标即可。然后选择"蓝 拷贝"通道，执行"滤镜" > "其他" > "高反差保留"命令，打开"高反差保留"对话框，将"半径"设置为8.0像素，设置完成后单击"确定"按钮。

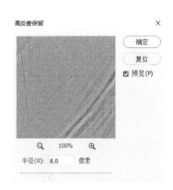

3. 计算

选择"蓝 拷贝"通道，执行"图像" > "计算"命令，在"计算"对话框中进行设置，具体设置参考下页图的"计算"对话框，设置完成后单击"确定"按钮得到"Alpha 1"通道。再次执行"计算"命令，具体设置与第一次设置相同，单击"确定"按钮得到"Alpha 2"通道。

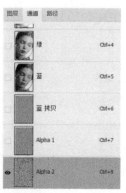

> **提示**
>
> 这里将"混合"设置为"线性光",可更好地突出面部的斑点。

4. 反选选区

选中"Alpha 2"通道,按住
Ctrl键单击该通道创建选区。单击
"RGB"通道,并返回"图层"
面板。然后按Ctrl+Shift+I快
捷键反选选区,选择"图层1",
按Ctrl+J快捷键复制一个图层,
即可将带有斑点的图像复制出来,
自动生成"图层2"。

5. 减淡工具

选择减淡工具,将"范围"设置为"中
间调","曝光度"设置为100%,然后选
择"图层2"并按住鼠标左键从上至下连续
涂抹。

6. 复制、合并图层

选择"图层1"和"图层2",按Ctrl+G
快捷键创建一个图层组,将其命名为"祛
痘"。选择"祛痘"图层组,按Ctrl+J快
捷键复制,自动生成"祛痘 拷贝"图层组。
然后隐藏"祛痘"图层组,并选中"祛痘 拷
贝"图层组,按Ctrl+E快捷键合并图层。

7. 进一步修复

选择污点修复画笔工具，单击斑点。

8. 调整光影细节

选择"祛痘 拷贝"图层，按 Ctrl + J 快捷键复制一个图层，命名为"光影"。选择涂抹工具，将"强度"设置为1%，并在"画笔设置"面板中勾选"散布"复选框，数值设置为62%，"数量"为1，对光影杂乱的地方进行调整。

9. 显示纹理

选择"背景"图层，按 Ctrl + J 快捷键复制一个图层，命名为"纹理"，将该图层拖曳至"图层"面板最上方。为了便于后期的操作，可右键单击该图层，在弹出的菜单中选择"转换为智能对象"命令。然后执行"滤镜">"其他">"高反差保留"命令，打开"高反差保留"对话框，将"半径"设置为2.0像素。接着把图层的"混合"模式改为"线性光"。

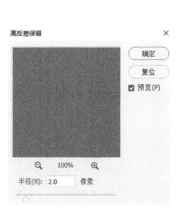

10. 合并图层

为了便于对比，可按 Ctrl + G 快捷键将"光影"和"纹理"放入图层组中，自动生成"组
1"图层组。按 Ctrl + J 快捷键复制"组1"图层组，生成"组1 拷贝"图层组，这里可将"组
1"图层组隐藏。然后按 Ctrl + E 快捷键合并"组1 拷贝"图层组，命名为"结果"。

11. 橡皮擦涂抹

选择橡皮擦工具，单击"历史记录"面板最后一步左侧的复选框"设置历史记录画笔的
源"，并在工具选项栏中将"不透明度"设置为100%，"流量"设置为100%。设置好之后
从上至下涂抹图像。然后在
工具选项栏勾选"抹到历史
记录"复选框，并在需要修
复的皮肤上进行涂抹。

12. 适当加深颜色

选择加深工具，将"范围"设置为"中间调"，"曝光度"设置
为3%，适当将画笔调大，按住鼠标左键从上至下涂抹图像。

13. 盖印图像

选择"结果"图层，按 Ctrl + Alt + Shift + E 快捷键盖印图层，
命名为"小瑕疵"。然后选择污点修复画笔工具修复较小的斑点。最
后全选"背景"上边的图层并按 Ctrl + G 快捷键将其放入图层组中，
再与原图进行对比。

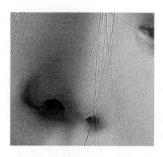

10

为PS加点颜色：调色基础

本章介绍色彩基础知识和PS的调整命令，内容比较复杂，学习时可以适当放慢学习节奏，把知识点了解清楚。

10.1 色彩基础知识

在使用PS处理图片时，很多时候都需要调色，因而了解和学习调色的原理和理论知识很有必要。

1. 颜色模式

常用的颜色模式为RGB模式和CMYK模式，下面进行详细介绍。

RGB模式

RGB颜色称为加成色，如果把R、G和B添加在一起（即所有光线反射回眼睛）可产生白色。绝大多数可视光谱都可以用红、绿、蓝三色光以不同比例和强度混合而成，这些颜色若发生重叠可生成青色、洋红色和黄色等其他颜色。

加成色常用于照明光、电视和计算机显示器，如显示器是通过电子枪打在屏幕的红、绿、蓝三色发光极上来产生色彩的。

在RGB模式下，每种RGB成分都可使用从0（黑色）到 255（白色）的值。当三色数值相同时，为无色彩的灰度色；当三色数值均为255时，结果是纯白色；当三色数值均为0时，结果是纯黑色。

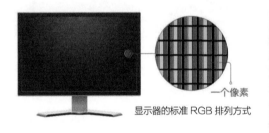

显示器的标准 RGB 排列方式

CMYK模式

CMYK模式通常应用于印刷和打印，它通过混合青色（C）、洋红色（M）和黄色（Y）产生其他颜色。但在实际应用中，青色、洋红色和黄色混合后难以形成视觉上真正的黑色，最多只能得到褐色。因而添加黑色（K）油墨，以更好地控制图片的阴影和细节，保证印刷品质。

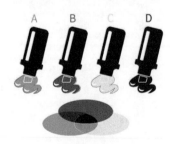

在CMYK模式下，每种CMYK四色油墨可使用0%~100%的数值。为最亮颜色指定的印刷色油墨颜色百分比较低，而为较暗颜色指定的百分比较高。低油墨百分比更接近白色，高油墨百分比更接近黑色。

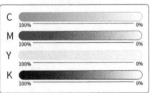

2. 色彩三要素

色彩三要素指色相、明度、饱和度。打开"拾色器"对话框，分别选择"H""S""B"选项，能非常直观地看到三要素的区别。其中"H"代表色相，"S"代表饱和度，"B"代表明度。

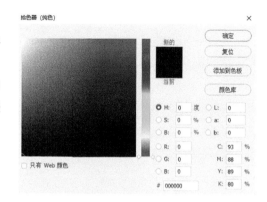

色相

色相是指色彩的相貌，也是我们对色彩的称谓。色相通常有颜色名称标识，如红色、橙色或绿色。右图在0°~360°的标准色轮上按位置度量色相。

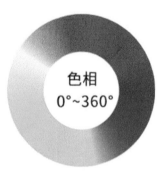

饱和度

饱和度表示色相中灰色分量所占的比例，使用从0%（灰色）~100%（完全饱和）的百分比来度量，饱和度越高，对应颜色越纯，颜色越鲜艳。

明度

明度是指颜色的相对明暗程度，通常使用从0%（黑色）~100%（白色）的百分比来度量，明度越高，颜色越亮。

3. 色相环

以RGB颜色模式为例，在十二色相环中，每个颜色都可以当作主色，形成与自己相对应的同类色、邻近色、对比色和互补色。

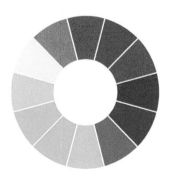

同类色

同类色是色相环上夹角60°以内的色彩，色相对比差异较小。以同类色进行配色，可呈现协调、统一的视觉效果，使作品的版面更沉稳、平和。

邻近色

邻近色是色相环上相邻的颜色，它们彼此间隔60°～90°。以邻近色进行配色，可以保持画面的统一、自然。

对比色

对比色没有太严格的划分，一般是在色环上夹角120°左右的色彩。以对比色进行配色，画面色彩鲜明。

互补色

互补色指在色相环上夹角为180°的色彩。以互补色进行配色，画面对比最为强烈，在一些作品中可用来表现有极大反差的事物。

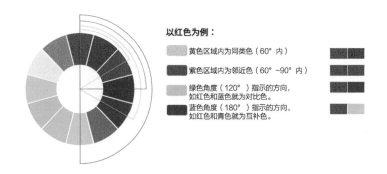

10.2　图像调整

执行"图像"＞"调整"命令，能看到很多关于图像调整的功能。

图像调整功能也能在"图层"面板中单击"创建新的填充或调整图层"按钮 进行查看。

在菜单栏选择调整功能对图像图层进行调整会丢失原来的图像信息，需要先复制原图层再进行调整，或先将原图层转换为智能图像再进行调整。因而一般使用快捷键或者在"图层"面板中单击 按钮选择调整功能对图像进行调整。

此外，执行"窗口">"调整"命令，弹出"调整"面板，单击其中的图标跳转到相应功能的"属性"面板，进行各项参数设置，也可以调整图像。

1. 亮度/对比度

使用该功能，可以对图像的色调范围进行简单的调整。

"亮度/对比度"的运用

（1）在"调整"面板中单击"亮度/对比度"图标 。

（2）在"属性"面板中，拖曳滑块调整"亮度"和"对比度"。向左拖曳降低数值，向右拖曳调高数值。"亮度"的数值范围为-150~150，"对比度"范围为-50~100。

原图

调整参数

调整后的效果

2. 色阶

使用该选项（快捷键为 Ctrl + L ）可通过调整图像的阴影、中间调和高光的强度，校正图像的色调范围和色彩平衡。

"色阶"的运用

（1）在"调整"面板中单击"色阶"图标 。

（2）可以在"预设"中选择一个选项直接应用于图像。

（3）想要调整特定颜色通道的色调，可从"自动"按钮左侧的下拉列表中选取要调整的通道。

RGB	˅
RGB	Alt+2
红	Alt+3
绿	Alt+4
蓝	Alt+5

（4）想要手动调整阴影、中间调或者高光，可以拖曳黑色、灰色或者白色滑块，也可以直接在下方输入数值。

原图   调整参数   调整后的效果

3. 曲线

"曲线"（快捷键为 Ctrl + M）是功能十分强大的调整工具，它整合了"亮度/对比度""色阶""阈值"等多个命令的功能。曲线上可以添加14个控制点，移动这些控制点可以对色彩和色调进行非常精确的调整。

"曲线"的运用

（1）在"调整"面板中单击"曲线"图标 。

（2）如果要调整色彩平衡，可从"自动"按钮左侧的下拉列表中选取要调整的通道。

（3）直接单击曲线，然后拖曳控制点即可调整色调区域。向上或向下拖曳控制点可使色调区域变亮或变暗，向左或向右拖曳控制点可以增大或减小对比度。按住控制点并向外拖曳，即可删除控制点。

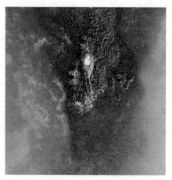

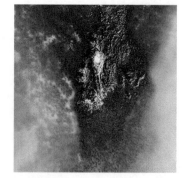

原图   调整参数   调整后的效果

4. 色相/饱和度

"色相/饱和度"（快捷键为 Ctrl + U）可以调整图像中特定颜色范围的色相、饱和度和明度，或者同时调整图像中的所有颜色。

"色相/对比度"的运用

（1）在"调整"面板中单击"色相/饱和度"图标 。

（2）在"预设"中选择一个选项直接应用于图像。

（3）选择"全图"或者特定的颜色进行调节。

（4）设置"色相""饱和度""明度"。"色相"的数值范围

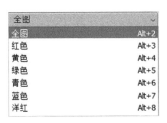

是-180～180，"饱和度"的数值范围是-100～100，"明度"的数值范围是-100～100。勾选"着色"复选框，可为灰度图像创建单色调效果。

原图

调整参数

调整后的效果

调整后勾选"着色"的效果

5. 色彩平衡

"色彩平衡"（快捷键为 Ctrl + B ）可用于校正图像中的颜色缺陷。

"色彩平衡"的运用

（1）在"调整"面板中单击"色彩平衡"图标 。

（2）在"属性"面板的"色调"中选择一个选项。

（3）设置"青色"/"红色"、"洋红"/"绿色"或"黄色"/"蓝色"的数值。它们的数值范围均为-100～100。

（4）可勾选"保留明度"复选框，防止图像的明度值随颜色的改变而改变。

原图

调整参数

调整后的效果

6. 黑白

"黑白"（快捷键为 Alt + Shift + Ctrl + B ）可以将彩色图像调整为黑白图像。

"黑白"的运用

（1）在"调整"面板中单击"黑白"图标 。

（2）在"预设"中选择一个选项直接应用于图像。

（3）单击"自动"按钮通常可以产生较好的效果；勾选"色调"复选框可以让图像应用颜色色调，单击右侧的颜色框打开"拾色器"对话框，可以从中选择一种颜色应用于图像。

（4）拖曳滑块，调整相应参数。

原图

调整参数

调整后的效果

7. 阈值

"阈值"可将灰度或彩色图像转换为高对比度的黑白图像。

"阈值"的运用

（1）在"调整"面板中单击"阈值"图标 。

（2）在"属性"面板中输入数值或拖曳滑块直到出现所需的"阈值色阶"。

原图

调整参数

调整后的效果

8. 可选颜色

"可选颜色"可以作为色彩调整工具在印刷用的CMYK颜色模式下增加或降低油墨，也可以用来调整照片颜色。在"调整"面板中单击"可选颜色"按钮■进行设置即可。

原图

调整参数

调整后的效果

根据前面的色彩基础知识，可以看出红色+绿色=黄色、绿色+蓝色=青色、红色+蓝色=洋红色。使用"可选颜色"命令调整颜色可以修改某一主要颜色中的印刷色数量，且不会影响其他主要颜色。

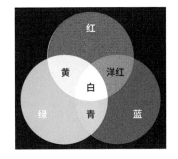

颜色

可在"颜色"处选择想要调整的颜色，每种颜色都可调节"青色""洋红""黄色""黑色"的数值，调节范围是-100%~100%。

相对

选择"相对"选项，可以按照总量的百分比修改现有的"青色""洋红""黄色""黑色"的含量。例如，在50%的灰色上增加40%的黑色，结果为50%+50%×40%=70%的灰色。

绝对

选择"绝对"选项，则直接按照增加量来改变颜色，如在50%的灰色上增加40%的黑色，那么结果为50%+40%=90%的灰色。

50% 灰

选择"相对"，结果为70%的灰色

选择"绝对"，结果为90%的灰色

为了更方便查看效果，这里选择"绝对"选项。

"可选颜色"的运用

A. 如果要把红色调整为黄色，可加入绿色。不过在"属性"面板内并无绿色的调整滑块，这里可以调整绿色的互补色"洋红"，把"洋红"调整到-100%。

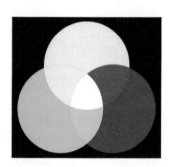

B. 如果要把红色调整为绿色，可先调整为黄色，再调整为绿色。按照前面的方式调整为黄色，再减去红色，"属性"面板内没有红色，可加入红色的互补色"青色"，把"青色"调整到+100%。

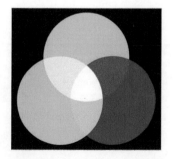

C. 如果要把红色调整为青色，先把红色调整为黄色，然后调整为绿色，再调整为青色。按照以上方式调整为绿色以后再加入蓝色，"属性"面板中没有蓝色，可减去蓝色的互补色"黄色"，把"黄色"调整到-100%。

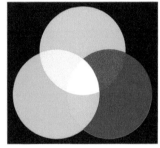

D. 要把红色调整为青色，还可以先调整为洋红色（加入蓝色=减去黄色），然后把洋红色减去，再加入青色。

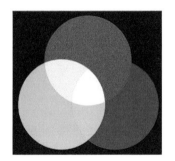

减去黄色

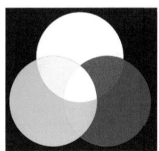

减去洋红色

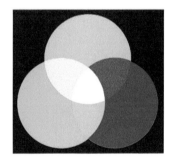

加入青色

10.3　实战案例：调出图像的高级感

学习了色彩的知识，下面调整一幅图像为黑金色调和冰蓝色调，让其看起来更具高级感。

1.　导入图片

按 Ctrl + O 快捷键，打开本书学习资源中的"素材文件\第10章\调出图像的高级感"文件夹，将素材图片拖曳到PS中。

2. 调整曲线

单击"图层"面板下方
的"创建新的填充或调整
图层"按钮  ，选择"曲
线"。首先选择"红"，在
曲线上方稍微往上提一些；
其次选择"绿"，在曲线上
方稍微往下压一些；再选择
"蓝"，在曲线上方稍微往
下压一些。此时图片会呈现
暖色调。选择"RGB"，将
高光部分（曲线上方部分）
往上提，阴影部分（曲线下
方部分）往下压，使整体画
面对比更加强烈。

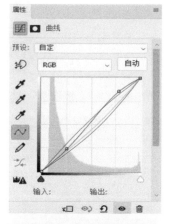

调整"红""绿""蓝"

调整"RGB"

3. 调整色相/饱和度

单击"图层"面板下方的"创建新的填充或调整图层"按钮  ，选择"色相/饱和度"。将"青色""蓝色""洋红"的"饱和度"设置为-100；将红色"色相"设置为+15，"饱和度"设置为+30；将黄色"色相"设置为-5，"饱和度"设置为+50。现在整体画面呈现出黑金色调的效果。

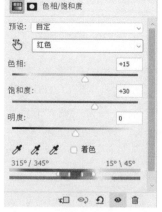

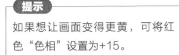

提示

如果想让画面变得更黄，可将红色"色相"设置为+15。

4. 调整色阶

单击"图层"面板下方的"创建新的填充或调整图层"按钮，选择"色阶"，将"中间调"设置为0.87，"高光"设置为215。

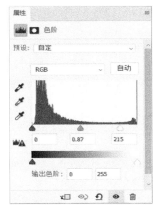

5. "黑金"效果完成

将"背景"上面的图层同时选中，按 Ctrl + G 快捷键将其放入图层组中，命名为"黑金"。然后将"黑金"图层组隐藏，为制作冰蓝色调的效果做准备。

6. 调整曲线

单击"图层"面板下方的"创建新的填充或调整图层"按钮，选择"曲线"。首先选择"红"，在曲线上方稍微往下压一些，让图片整体偏蓝；其次选择"绿"，在曲线上方稍微提高一些；再选择"蓝"，在曲线上方稍微提高一些。添加绿色再添加蓝色后，会使图片呈现青色。选择"RGB"，可将高光部分（曲线上方部分）往上提，阴影部分（曲线下方部分）往下压，提高对比度。

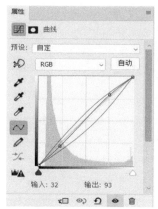

7. 调整色相/饱和度

单击"图层"面板下方的"创建新的填充或调整图层"按钮 ，选择"色相/饱和度"。将"红色""黄色""绿色""洋红"的"饱和度"设置为−100；将青色"色相"设置为−5，"饱和度"设置为+25；将蓝色"色相"设置为−10，"饱和度"设置为+50。

8. 调整色阶

单击"图层"面板下方的"创建新的填充或调整图层"按钮 ，选择"色阶"，将"中间调"设置为0.83，"高光"设置为216。

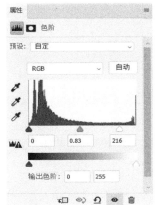

9. "冰蓝"效果完成

将"黑金"图层组上面的图层同时选中，按 Ctrl + G 快捷键将其放入图层组中，命名为"冰蓝"。

11

"万能"的图像处理工具：Camera Raw滤镜

Camera Raw滤镜主要用于对原始照片进行处理，是用于调整图像的、功能强大的工具。

　　Camera Raw滤镜提供导入和处理相机原始数据文件的功能，也可以使用其处理JPEG和TIFF格式的文件。

　　执行"滤镜"＞"Camera Raw滤镜"命令（快捷键为 Shift ＋ Ctrl ＋ A ），调出"Camera Raw"滤镜窗口。这里将对话框大致分为3个板块，蓝色区域为图像预览区，黄色区域为图像调整区，紫色区域为其他选项。

11.1　图像预览区

　　图像预览区包括预览区和一些调整视图呈现效果的选项。

❶ **预览区**

　　此区域可实时预览图像的调整效果。

❷ **适应视图**

　　单击该按钮可缩放至适应"Camera Raw"滤镜窗口的大小，与文档编辑区的缩放方式一样，快捷键为 Ctrl ＋ 0 。

❸ **选择缩放级别**

　　单击该选项可指定图像按比例进行缩放。

④ 在"原图/效果图"视图之间切换

用鼠标长按该按钮 ■ 可选择一种对比方式观察图像调整前后的效果。

⑤ 切换到默认设置

在调整效果后，单击此按钮 ⬚ 可切换回默认设置，再次单击可切换回调整后的效果。

原图 / 效果图

11.2　图像调整区

图像调整区包含各种图像调节工具，选择一种工具即可显示相应工具的工具选项。本节主要介绍直方图和"编辑"功能。

① 直方图
② 编辑
③ 去除污点
④ 蒙版
⑤ 消除红眼
⑥ 预设
⑦ 更多图像设置

⑧ 缩放工具
⑨ 抓手工具
⑩ 切换取样器叠加
⑪ 切换网格覆盖图

1. 直方图

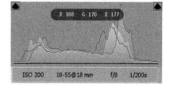

在对摄影图像进行后期处理时，直方图可以让我们对图像的明暗层次有基本的了解。

直方图由红色、绿色、蓝色3种颜色的色条组成，分别表示红色通道、绿色通道和蓝色通道。当所有通道重叠时，将显示白色；红色通道和绿色通道重叠，将显示黄色；红色通道和蓝色通道重叠，将显示洋红色；绿色通道和蓝色通道重叠，将显示青色。

在"Camera Raw"滤镜窗口中调整设置时，直方图会自动进行更改。

高光修剪和阴影修剪

如果像素的颜色值高于图像中可以表示的最高值或低于图像中可以表示的最低值，将发生修剪。直方图的左上角或右上角可以查看高光或阴影修剪警告。

如果左上角的图标呈白色高亮显示，则表示照片中的阴影被修剪。单击可查看照片中的阴影，阴影以蓝色叠加蒙版显示。

如果右上角的图标呈白色高亮显示，则表示照片中的高光被修剪。单击可查看照片中的高光，高光以红色叠加蒙版显示。

2. 编辑

"编辑" 是"Camera Raw"滤镜窗口的主要功能，包含图像调整的大部分功能。

配置文件

在"配置文件"的下拉列表中选择"浏览",或单击右侧的"浏览配置文件"按钮⊞,可以从中选择一个样式对图像进行快速调色。

基本

对"白平衡""色温""色调""曝光""高光""阴影"等属性进行调整。

白平衡

在默认状态下,该选项中选取的是照片的原始白平衡(即"原照设置"选项);在下拉列表中选择"自动"选项,可自动校正白平衡;在下拉列表中选择"自定"选项,可拖曳"色温"和"色调"滑块对白平衡进行细致的调节。

色温

向左拖曳滑块可降低色温值,使图像颜色变蓝;向右拖曳滑块可提高色温值,使图像颜色变黄。

原图

调整参数

调整后的效果

色调

向左拖曳滑块可减少色调值,为图像添加绿色;向右拖曳滑块可增加色调值,为图像添加洋红色。

原图

调整参数

调整后的效果

曝光

"曝光"可用来控制图片的色调强弱，相当于调整相机上的光圈值（光圈大小）。将"曝光"设置为+1.00，类似于将光圈提高1挡；将"曝光"设置为-1.00，类似于将光圈降低1挡。

原图

调整后的效果

对比度

"对比度"可增加或减少图像对比度。在增加对比度时，图像中到暗区域会变得更暗，图像中到亮区域会变得更亮。

原图

调整后的效果

高光

"高光"可调整图像中色调较亮的像素。向左拖曳滑块可使高光变暗，向右拖曳滑块可在最小化修剪的同时使高光变亮。

原图

调整后的效果

提示

"最小化修剪"是在图像处理中很常见的概念，它的存在是为了尽量减少或避免图像中的过曝（白色修剪）和欠曝（黑色修剪）。

"白色修剪"指的是对图像中最亮的部分进行调整，以防止这些区域过曝或失去细节。"白色修剪"的目的是确保图像中的高亮部分有足够多的细节，不至于变得过亮或失真。

"黑色修剪"指的是对图像中最暗部分的调整，以避免这些区域过于暗淡或失去细节。与"白色修剪"类似，"黑色修剪"旨在确保图像中的阴影区域有足够多的细节，并防止这些区域因过黑而失真。

阴影

　　"阴影"可调整图像的阴影区域。向左拖曳滑块可在最小化修剪的同时使阴影区域更暗，向右拖曳滑块可使阴影区域变亮并恢复阴影区域的细节。

原图

调整后的效果

白色

　　"白色"可调整白色修剪。向左拖曳滑块可减少对高光的修剪，向右拖曳滑块可增加对高光的修剪。

原图

调整后的效果

黑色

　　"黑色"可调整黑色修剪。向左拖曳滑块可增加对阴影的修剪，向右拖曳滑块可减少对阴影的修剪。

原图

调整后的效果

纹理

　　"纹理"可增加或减少照片中出现的纹理。向左拖曳滑块可柔化细节，向右拖曳滑块可突出细节。

原图

调整后的效果

清晰度

"清晰度"可更改照片中对象边缘的对比度。向左拖曳滑块可柔化边缘，向右拖曳滑块可增加边缘对比度。

原图

调整后的效果

去除薄雾

向左拖曳滑块可以增加图像的朦胧度，向右拖曳滑块可以降低图像的朦胧度。

原图

调整后的效果

自然饱和度

"自然饱和度"可更改饱和度并避免色偏，向右拖曳滑块可突出颜色且不会出现图像过度饱和的现象。

原图

调整后的效果

饱和度

"饱和度"可平衡控制所有颜色的饱和度。向左拖曳滑块可以加深照片的灰度，向右拖曳滑块可以增加所有颜色的饱和度。

原图

调整后的效果

曲线

这里的"曲线"操作与设置可参考"10.2 图像调整"中的"3. 曲线"的相关内容。

细节

"细节"有锐化、降噪并减少杂色的作用。

锐化

"锐化"可快速聚焦模糊边缘，提高图像中某个部位的清晰度。具体操作方法为：将预览图像放大到至少能看到细节，拖曳滑块调整"锐化"数值。

半径：调整应用锐化细节的大小。具有微小细节的图像一般选择较小的数值，较大的数值产生的效果不自然。

细节：调整在图像中锐化强调边缘的程度。较小的数值主要通过锐化边缘来消除模糊，较大的数值有助于使图像中的纹理更明显。

蒙版：控制边缘蒙版。设置为0时，图像中的所有部分均接受等量的锐化；设置为100时，锐化主要限制在饱和度最高边缘附近的区域。

原图

调整参数

调整后的效果

减少杂色

"减少杂色"可使皮肤光滑，使肤色更加柔和、有质感。具体操作方法为：将预览图像放大到至少能看到细节，拖曳滑块调整"减少杂色"数值。

细节：可设置保留"减少杂色"后的细节。

对比度：增加"减少杂色"后的对比度。

原图

调整参数

调整后的效果

杂色深度减低

向右拖曳滑块可减低杂色，但是效果不是很明显，一般应用"减少杂色"即可。

混色器

"混色器"可在"HSL"（"色相""饱和度""明亮度"）和"颜色"之间进行选择，拖曳滑块可进行细致的调节。

原图　　　　　　　　　　　　　调整参数　　　　　　　　调整后的效果

颜色分级

可使用色轮精确调整"阴影""中间调""高光"中的色相，也可以调整色相的"混合"与"平衡"数值。

原图　　　　　　　　　　　　　调整参数　　　　　　　　调整后的效果

光学

"光学"可删除色差、扭曲和晕影，也能使用"去边"对图像中的紫色或绿色色相进行采样和校正。

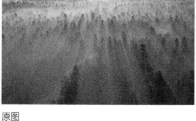

原图　　　　　　　　　　　　　调整参数　　　　　　　　调整后的效果

几何

"几何"可调整不同类型的透视和色阶校正。

原图　　　　　　　　　　　　　调整参数　　　　　调整后的效果

效果

"效果"可为图像添加"颗粒"或"晕影"。

原图　　　　　　　　　　　　　调整参数　　　　　调整后的效果

校准

"校准"可调整"阴影""红原色""绿原色""蓝原色"数值。

原图　　　　　　　　　　　　　调整参数　　　　　调整后的效果

11.3　实战案例：打开颜色的魔法世界

本节案例原图已经很好看了，这里通过改变颜色（青橙色调），使其展现另外一种美感。

1. 打开素材图片

按 Ctrl + O 快捷键，打开本书学习资源中的"素材文件\
第11章\打开颜色的魔法世界"文件夹，将素材图片拖曳进
来。按 Ctrl + J 快捷键复制图层，自动生成"图层1"图层，
然后右键单击"图层1"图
层，在弹出的菜单中选择
"转换为智能对象"命令。

2. 调整"基本"参数

按 Shift + Ctrl + A 快捷键打开"Camera Raw"滤镜
窗口，调整"基本"的参数。将"色温"设置为-10，"对
比度"设置为-20，"高光"设置为-30，"阴影"设置为
+10，"白色"设置为-35，"黑色"设置为+20。

3. 调整"校准"参数

调整"校准"的参数。将"红原色"的"色相"设置为
+20，"蓝原色"的"色相"设置为-40，"饱和度"设置为
+10。

4.　调整"混色器"参数

依次调整"混色器"的"色相""饱和度""明亮度"等参数，具体设置可参考下图。

5.　调整"颜色分级"参数

调整"颜色分级"参数，稍微降低"阴影"，并适当提亮"高光"，具体操作可参考右图。

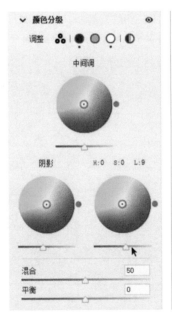

6.　调整"光学"参数

调整"光学"参数，将"晕影"设置为−50。

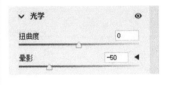

7.　调整"基本"参数

将"基本"的"纹理"设置为+10，然后单击"确定"按钮。

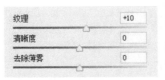

12

灵活的橡皮擦：
蒙版

蒙版的英文单词是Mask，有面罩、遮罩之意。蒙版就是在不破坏原图像的基础上对图像进行编辑的工具，可以看作"灵活的橡皮擦"。

12.1　图层蒙版

图层蒙版是一种可以撤销的隐藏图层部分内容的工具。与永久擦除或删除图层部分内容相比，图层蒙版可以使创作更加灵活。同时，图层蒙版在合成图像、裁剪对象用于其他文件和对部分图层进行限制性编辑时非常有用。

1.　创建图层蒙版

在蒙版图像中，黑、白、灰控制图层内容是否显示。其中，黑色区域会完全遮挡图层内容；白色区域完全显示图层内容；蒙版中的灰色遮挡程度没有黑色强，因此，图层内容会呈现透明效果，灰色越深，透明度越高。

白色

20% 灰色

40% 灰色

60% 灰色

80% 灰色

黑色

原图　　　　　　　　　　　　　以不同颜色填充

蒙版的基础运用

（1）在"图层"面板中，选择需要创建蒙版的图层或图层组。

（2）单击"图层"面板下方的"添加图层蒙版"按钮▣。

创建整个图层的蒙版

单击"图层"面板中的"添加图层蒙版"按钮▣，或者执行"图层">"图层蒙版">"显示全部"命令，此时创建的蒙版为白色蒙版，意为显示全部图像；如果按住 Alt 键单击"添加图层蒙版"按钮▣，或者执行"图层">"图层蒙版">"隐藏全部"命令，创建的蒙版为黑色蒙版，意为隐藏全部图像。

显示全部图像　　　　　"图层"面板显示状态　　　隐藏全部图像　　　　　"图层"面板显示状态

创建部分图层的蒙版

打开包含透明区域的图像，选择相应图层，执行"图层">"图层蒙版">"从透明区域"命令，此时建立的蒙版以透明区域的不透明度来划分蒙版明度，同时软件会将透明的颜色转换为不透明的颜色（隐藏在新建的蒙版之后）。

打开包含透明区域的图像　　　　　执行"从透明区域"命令　　转换为不透明的颜色

在图层蒙版缩览图处单击鼠标右键，选择"删除图层蒙版"命令可查看前后变化。不透明的颜色会随以前应用于图层的滤镜和其他处理方法的不同而发生很大变化。

右键单击图层蒙版缩览图

以现有选区创建图层蒙版

创建选区。单击"图层"面板中的"添加图层蒙版"按钮，或者执行"图层">"图层蒙版">"显示选区"命令，此时创建的蒙版选区内为白色（图像可见），选区外为黑色（图像隐藏）。如果按住 Alt 键单击"添加图层蒙版"按钮，或者执行"图层">"图层蒙版">"隐藏选区"命令，创建的蒙版选区内为黑色（图像隐藏），选区外为白色（图像可见）。

创建选区　　　　　　　　显示选区　　　　　　　　隐藏选区

2. 将蒙版应用到另一个图层

如果要将蒙版应用到另一个图层，可按住图层蒙版缩览图并将其拖曳到其他图层。

具体操作方法

首先选择魔棒工具，并在工具选项栏中单击"选择主体"按钮，为"花"图层中的花朵创建选区，再单击"添加图层蒙版"按钮 ◎ 创建蒙版。然后打开新素材，命名图层为"草背景"，把"花"图层的图层蒙版缩览图直接拖曳过来即可。为了方便观察，需要隐藏"花"图层。

为花朵创建选区　　　创建蒙版　　　创建"草背景"图层　　　拖曳蒙版到"草背景"图层

"图层"面板显示状态

未创建蒙版　　　创建蒙版后　　　创建"草背景"图层　　　拖曳蒙版到"草背景"图层

进一步操作

在完成上面的操作后，可按住 Alt 键并拖曳"草背景"图层的图层蒙版缩览图到"花"图层上，再隐藏"草背景"图层并显示"花"图层，此时可看见"花"图层中的花朵。这里执行的是将蒙版复制到其他图层的操作。

"图层"面板显示状态

按住 Alt 键拖曳"草背景"的蒙版到"花"图层上

3. 停用或启用图层蒙版

可通过以下方法停用或启用图层蒙版。

（1）如果想要停用图层蒙版，单击相应图层的图层蒙版缩览图，然后执行"窗口">"属性"命令，弹出"属性"面板，单击"属性"面板下方的"停用/启用蒙版"图标 ◎ 即可；如果想要启用图层蒙版，再次单击"属性"面板下方的"停用/启用蒙版"图标 ◎ 即可。

（2）按住 Shift 键同时单击相应图层的图层蒙版缩览图，即可停用图层蒙版；再次按住 Shift 键同时单击相应图层的图层蒙版缩览图，即可启用图层蒙版。

此外，可直接在图层蒙版缩览图处单击鼠标右键，选择"停用图层蒙版"命令，停用图层蒙版；或者单击鼠标右键，选择"启用图层蒙版"命令，启用图层蒙版。

（3）选择包含图层蒙版的图层，然后执行"图层">"图层蒙版">"停用"命令，即可停用图层蒙版；执行"图层">"图层蒙版">"启用"命令，即可启用图层蒙版。

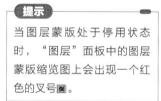
当图层蒙版处于停用状态时，"图层"面板中的图层蒙版缩览图上会出现一个红色的叉号。

抠图创建图层蒙版　　停用图层蒙版　恢复原图

4. 应用或删除图层蒙版

图层蒙版是作为Alpha通道存储的，删除图层蒙版有助于减小文件占用内存。

若要将图层蒙版应用于图层之中，可单击图层蒙版

缩览图，并在"属性"面板中单击"应用蒙版"按钮。

若要删除图层蒙版而不将其应用于图层之中，可按住图层蒙版缩览图的同时将其拖曳至"图层"面板下方的"删除图层"按钮处，在弹出的对话框中选择"删除"。

此外，可执行"图层">"图层蒙版">"应用"/"删除"命令。

当然，也可在图层蒙版缩览图处单击鼠标右键，选择"应用图层蒙版"/"删除图层蒙版"命令。

应用蒙版的效果

删除蒙版的效果

5. 显示图层蒙版通道

按住 `Alt` 键并单击图层蒙版缩览图，可查看灰度蒙版；再次按住 `Alt` 键并单击图层蒙版缩览图，可重新显示图像。

按住 `Alt` + `Shift` 组合键并单击图层蒙版缩览图，可查看红色蒙版；再次按住 `Alt` + `Shift` 组合键单击图层蒙版缩览图，可重新显示图像。

原图

抠图创建蒙版

按住 `Alt` 键单击蒙版

按住 `Alt` + `Shift` 组合键单击蒙版

提示

在"通道"面板中选择图层蒙版通道并双击，可在弹出的对话框中设置蒙版的"颜色"和"不透明度"。

6. 调整图层蒙版参数

"属性"面板中有一些与图层蒙版相关的参数，可进行相应调整。

浓度

可通过拖曳"浓度"滑块控制蒙版的不透明度。

羽化

可通过拖曳"羽化"滑块控制蒙版边缘的柔化程度。

反相

"反相"可使蒙版灰度反相显示。

原图

抠图并创建蒙版

"浓度"为 50%

"羽化"为 50 像素

单击"反相"

12.2　剪贴蒙版

剪贴蒙版是通过下方图层的形状来限制上方图层的显示状态，达到一种剪贴画效果的蒙版。以两个图层为例，下方图层是基底图层，上方图层就是显示图层，当上方图层执行剪贴蒙版命令剪贴到下方图层时，下方图层的形状将决定上方图层中图像的显示范围。简单来说，就是下方图层决定形状，上方图层决定内容。剪贴蒙版的快捷键为 Alt + Ctrl + G 。

原图

抠出图（下方图层）

上方图层

上方图层执行剪贴蒙版命令剪贴到下方图层

完成效果

1. 创建剪贴蒙版

　　按住 Alt 键，将鼠标指针放在"图层"面板基底图层上方的边缘处，鼠标指针会变成 ↓□，单击即可创建剪贴蒙版；或者在"图层"面板中，选择基底图层上方的第一个图层，执行"图层">"创建剪贴蒙版"命令。

2. 释放剪贴蒙版

　　释放剪贴蒙版有两种方法。

　　（1）按住 Alt 键将鼠标指针放在"图层"面板中两个相应图层之间的线上，当鼠标指针变成 ↓□ 时单击。

　　（2）在"图层"面板中，选择已创建剪贴蒙版的图层，执行"图层">"释放剪贴蒙版"命令。

12.3　矢量蒙版

　　矢量蒙版与分辨率无关，是从图层内容中剪下来的路径。矢量蒙版通常比使用基于像素的工具创建的蒙版更加精确。

1. 创建或隐藏矢量蒙版

　　（1）在"图层"面板中选择要添加矢量蒙版的图层。

　　（2）若要创建显示整个图层的矢量蒙版，可执行"图层">"矢量蒙版">"显示全部"命令；若要创建隐藏整个图层的矢量蒙版，可执行"图层">"矢量蒙版">"隐藏全部"命令。

2.　以已有路径创建矢量蒙版

（1）在"图层"面板中选择要添加矢量蒙版的图层。

（2）选择钢笔工具，在工具选项栏的工具模式中选择"路径"模式创建路径。

（3）在图像上单击鼠标右键，选择"创建矢量蒙版"命令，或执行"图层">"矢量蒙版">"当前路径"命令，或按住 Ctrl 键单击"图层"面板下方的"添加图层蒙版"按钮 ◻。

创建路径

创建矢量蒙版后的效果

3.　编辑矢量蒙版

（1）在"图层"面板中选择要编辑的带矢量蒙版的图层。

（2）单击"路径"面板中的路径缩览图，然后使用钢笔工具编辑路径即可。

创建矢量蒙版

编辑路径

4.　停用/启用矢量蒙版

可通过以下方式停用/启用矢量蒙版。

（1）选择要停用或启用的带有矢量蒙版的图层，单击"属性"面板中的"停用/启用蒙版"按钮 ◻。

（2）按住 Shift 键并单击"图层"面板中的矢量蒙版缩览图。

（3）选择要停用或启用的带有矢量蒙版的图层，然后执行"图层">"矢量蒙版">"停用"/"启用"命令。

（4）把鼠标指针放在矢量蒙版缩览图处，单击鼠标右键，选择"停用矢量蒙版"/"启用矢量蒙版"命令。

启用矢量蒙版

停用矢量蒙版

5. 删除矢量蒙版

（1）在"图层"面板中，选择包含矢量蒙版的图层。

（2）在"属性"面板中，单击"删除蒙版"按钮 。或者把鼠标指针放在矢量蒙版缩览图处，单击鼠标右键，选择"删除矢量蒙版"命令。

6. 将矢量蒙版转换为图层蒙版

将矢量蒙版转换为图层蒙版主要有以下两种方式。

（1）选择要转换的带有矢量蒙版的图层，执行"图层"＞"栅格化"＞"矢量蒙版"命令。

（2）把鼠标指针放在想要栅格化的矢量蒙版缩览图处，单击鼠标右键，选择"栅格化矢量蒙版"命令。

矢量蒙版

栅格化之后的图层蒙版

7. 调整矢量蒙版参数

"属性"面板中有一些与矢量蒙版相关的参数，可进行相应调整。此处介绍"浓度"和"羽化"，其他参数可参考图层蒙版。

浓度

拖曳"浓度"滑块可以控制矢量蒙版的不透明度。

羽化

拖曳"羽化"滑块可以控制矢量蒙版边缘的柔化程度。

"浓度"为 50%

"羽化"为 50 像素

12.4　快速蒙版

快速蒙版可用于抠图，也可保护图像局部不被整体滤镜或其他操作影响。

1. 创建快速蒙版

使用选区工具，选择要更改的图像部分，单击工具栏下方的"以快速蒙版模式编辑"按钮 （快捷键为 Q ）进入快速蒙版模式。选区轮廓会消失，原选区内的图像正常显示，选区之外则覆盖一层半透明的淡红色。

2. 编辑快速蒙版

选择绘画工具进行绘制，工具栏中的前景色/背景色会自动变为。在覆盖淡红色的区域涂抹白色，图像会显现出来，因此可以扩展选区；用灰色在图像上绘制时，可以使淡红色变淡，进而创建羽化区域；用黑色在图像上绘制时，图像上会出现淡红色，代表选区范围缩小。

用白色绘制　　　　　　　用 50% 的灰色绘制　　　　　　用黑色绘制

单击工具栏中的"以标准模式编辑"按钮，可关闭快速蒙版，并返回原始图像创建选区，然后单击"图层"面板下方的"添加图层蒙版"按钮可创建蒙版。

双击工具栏中的"以快速蒙版模式编辑"按钮，弹出"快速蒙版选项"对话框。在对话框中可调整快速蒙版的"颜色"和"不透明度"。

绘制蒙版区域　　　　创建选区　　　　创建蒙版

12.5　实战案例：图像合成

图像合成在设计中经常用到，这里需要将火车场景和手机融合在一起，制作火车冲出手机屏幕的效果。

1. 新建文档

新建一个矩形画布，设置尺寸为60厘米×90厘米，"方向"为竖向，"分辨率"为72像素/英寸，"颜色模式"为"RGB颜色"，"背景内容"为"白色"。

2. 打开素材图片

按 Ctrl+O 快捷键，打开本书学习资源中的"素材文件\第12章\图像合成"文件夹，将素材图片拖曳进来，分别命名为"手机"（图层在上）和"场景"（图层在下）。

3. 调整"手机"图层

按 Ctrl+T 快捷键将"手机"图片调大，并右键单击该图片，选择"水平翻转"命令。为了更好地呈现后期火车头冲出手机屏幕的视觉效果，这里选择"手机"图层，将"填充"设置为50%，以便于将手机放在合适的位置。调整好手机的大小和位置之后，可将"填充"调回100%。

4. 进行抠图

选择钢笔工具，在工具选项栏选择"路径"模式沿手和手机边缘勾勒路径。勾勒完成后按 Ctrl+Enter 快捷键将路径转换为选区，然后在"图层"面板下方单击"添加图层蒙版"按钮 ◻，为图层添加蒙版。注意手指与手机之间的空隙需要去除，可用钢笔工具勾勒该区域，勾勒完成后按 Ctrl+Enter 快捷键创建选区，然后用画笔工具擦除多余区域。

5. 调整"场景"图层

　　右键单击"手机"图层，在弹出的菜单中选择"转换为智能对象"命令。单击"图层"面板下方的"添加图层蒙版"按钮□，然后选择画笔工具，设置颜色为黑色并在火车的位置涂抹，绘制出火车后，将其调整到合适的位置。

6. 为手机屏幕抠图

　　选择"手机"图层，并选择画笔工具，将画笔颜色设置为白色进行涂抹，直到将手机完全显示。然后选择钢笔工具，在工具选项栏选择"路径"模式在手机屏幕上勾勒路径，勾勒完成后按 Ctrl + Enter 快捷键创建选区，并按 Delete 键删除选区内的画面。

7. 擦除手和手机多余的部分

　　按 Ctrl + D 快捷键取消选区，右键单击"手机"图层，在弹出的菜单中选择"转换为智能对象"命令，并单击"图层"面板下方的"添加图层蒙版"按钮□。然后将铁轨上手和手机的部分擦除。这里可直接用较硬边缘的画笔涂抹，按住 Shift 键可以画直线。接下来选择多边形套索工具勾勒铁轨外侧边缘与手相连接的部分，并用白色画笔涂抹，将手与铁轨相连的部分显示出来。

提示

用黑色画笔涂抹，可以隐藏涂抹的区域；用白色画笔涂抹，可以显示涂抹的区域。

用白色画笔涂抹铁轨外侧边缘与手相连接的部分

8.　为手部添加阴影

　　手部在铁轨的遮挡下会产生阴影。单击"图层"面板下方的"创建新图层"按钮回新建一个图层，按住 Alt 键在"手机"图层和新建图层之间单击，创建一个剪贴蒙版。然后将画笔颜色设置为黑色，在铁轨下方的手上涂抹，并用涂抹工具进行模糊处理。这里也可执行"滤镜" > "模糊" > "高斯模糊"命令，将"半径"设置为50左右。然后将"图层"面板上的图层混合模式设置为"正片叠底"，"填充"设置为75%。最后单击"图层"面板下方的"添加图层蒙版"按钮回，为该图层创建一个图层蒙版，进一步用黑色和白色画笔调整阴影。

铁轨在手上的投影

9.　调整前后关系

　　选择"图层1"图层，单击"图层"面板下方的"添加新的填充或调整图层"按钮，选择"色相/饱和度"，将"黄色"的"色相"设置为-28，"饱和度"设置为-42。然后选择"场景"图层，执行"滤镜" > "模糊" > "高斯模糊"命令，将"半径"设置为30。接下来单击"场景"图层下面的滤镜效果蒙版缩览图，用黑色画笔在需要保留的区域进行涂抹。

滤镜效果蒙版
缩览图

10. 调整色调

　　按住 Shift 键将除"背景"以外的所有图层选中，右键单击，在弹出的菜单中选择"转换为智能对象"命令。然后执行"滤镜" > "Camera Raw滤镜"命令，将"基本"和"校准"中的参数按右图的数值进行调整。

　　调整"混色器"，将"色相"中的"红色"设置为+25，"饱和度"中的"橙色"设置为+10。此时图像有些模糊，可参考右下图调整"细节"数值。调整完成后单击"确定"按钮。

11. 适当添加文字

　　适当添加文字，丰富画面。

13

多功能百宝箱：
滤镜库

滤镜库提供了许多特殊的效果滤镜，可同时给图像应用
多种滤镜，操作便捷，且效果丰富。

13.1　滤镜库的功能与基础应用

滤镜库的功能丰富，了解其功能和基础应用可为后期滤镜的综合运用打下基础。

1.　功能介绍

执行"滤镜"＞"滤镜库"命令，会弹出"滤镜库"对话框。

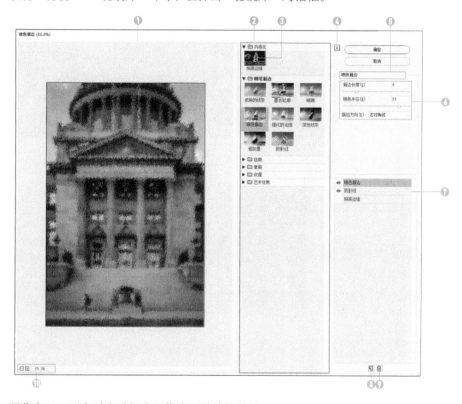

❶　预览窗口：可实时查看相应图像应用的滤镜效果。

❷　滤镜的类别：可查看滤镜库中包含的各类滤镜。

❸　滤镜的缩览图：可查看所选滤镜的缩览图。

❹　显示/隐藏滤镜的类别和缩览图。

❺　"滤镜"下拉列表：可选择各种滤镜。

❻　所选滤镜的选项：可调节相应滤镜的各种参数。

❼　滤镜效果列表：单击左侧的 ◎ 图标可显示/隐藏已使用的滤镜效果。

❽　新建效果图层：单击该按钮可新建"滤镜效果列表"中选中的滤镜效果。

❾　删除效果图层：单击该按钮可删除"滤镜效果列表"中选中的滤镜效果。

❿　缩放预览：在此处可缩小或放大预览图像。也可按住 Ctrl 键并单击预览图像进行放大，或者按住 Alt 键并单击预览图像进行缩小。

2. 基础应用

在应用滤镜之前，可先将图像转换为智能对象。在应用滤镜库中的滤镜后，转换为智能对象的图层后面会出现 图标，下方会显示所使用滤镜的滤镜效果蒙版缩览图（**❶**）、滤镜效果名称（**❷**）和滤镜混合选项（**❸**）。

❶ 滤镜效果蒙版缩览图：可在此蒙版上使用画笔工具编辑滤镜的可见性，具体操作可参考"12.1 图层蒙版"。缩览图左侧的 图标可控制滤镜的整体可见性。

原图

应用滤镜

编辑滤镜的可见性

❷ 滤镜效果名称：双击滤镜效果名称，可弹出"滤镜库"对话框。

❸ 滤镜混合选项：双击图层右下角的 按钮可弹出"混合选项（滤镜库）"对话框。在"模式"中可选择滤镜的混合模式，在"不透明度"中可调节滤镜的不透明度。

应用滤镜

在对话框中进行调整

调整后的效果

13.2　常用滤镜介绍

想要了解每个滤镜的具体效果，可单击相应的滤镜缩览图进行查看。下面介绍常用的滤镜。

1. 阴影线

"阴影线"滤镜可保留原始图像的细节和特征，同时使用模拟的铅笔阴影线添加纹理，并使图像中的彩色区域边缘变粗糙。

原图　　　　　　　　　　调整参数　　　　　　　　调整后的效果

2. 玻璃

"玻璃"
滤镜可使图
像看起来像
是透过不同
类型的玻璃
显示的。

原图　　　　　　　　　　调整参数　　　　　　　　调整后的效果

3. 海洋波纹

"海洋
波纹"滤镜
可将随机分
隔的波纹添
加到图像表
面，使图像
看起来像在
水下。

  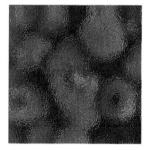

原图　　　　　　　　　　调整参数　　　　　　　　调整后的效果

4. 半调图案

"半调
图案"滤镜
可在保持连
续色调范围
的同时，模
拟半调网屏
的效果。

  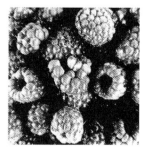

原图　　　　　　　　　　调整参数　　　　　　　　调整后的效果

5. 炭笔

"炭笔"滤镜可重新绘制图像以创建涂抹效果。主要边缘以粗线条绘制，中间色调用对角描边进行素描。

原图

调整参数

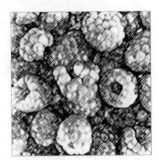
调整后的效果

6. 颗粒

"颗粒"滤镜通过模拟不同种类的颗粒向图像中添加纹理。

原图

调整参数

调整后的效果

7. 纹理化

"纹理化"滤镜可以模拟不同的纹理类型或选择用作纹理的文件。

原图

调整参数

调整后的效果

8.　干画笔

　　"干画笔"滤镜使用干画笔（介于油彩和水彩之间）技术绘制图像。此滤镜可将图像的颜色范围降到普通颜色范围，以简化图像。

原图　　　　　　　　　　　　调整参数　　　　　　　　　　　调整后的效果

9.　海报边缘

　　"海报边缘"滤镜可对图像中较大范围的区域进行简单着色。

原图　　　　　　　　　　　　调整参数　　　　　　　　　　　调整后的效果

10.　绘画涂抹

　　"绘画涂抹"滤镜可使图像看起来有绘画的质感。

原图　　　　　　　　　　　　调整参数　　　　　　　　　　　调整后的效果

11. 木刻

"木刻"滤镜可使图像看上去好像由从彩纸上剪下的、边缘粗糙的剪纸片组成。

原图　　　　　　　　　　调整参数　　　　　　　　调整后的效果

12. 塑料包装

"塑料包装"滤镜使图像看起来像是铺上了有光泽的塑料,可更好地突出表面细节。

原图　　　　　　　　　　调整参数　　　　　　　　调整后的效果

13.3　实战案例:制作唯美梦幻的玻璃海报

学习了滤镜库的相应知识,下面用滤镜库中的滤镜制作一张唯美的玻璃海报。

1. 新建文档

新建一个矩形画布,尺寸为60厘米×90厘米,"方向"为竖向,"分辨率"为72像素/英寸,"颜色模式"为"RGB颜色"。

2. 打开素材图片

按 [Ctrl]+[O] 快捷键，打开本书学习资源中的"素材文件\第13章\制作唯美梦幻的玻璃海报"文件夹，将需要的文件拖曳进来，命名为"海报图片"，按 [Ctrl]+[T] 快捷键将图片适当放大并调整位置，调整好后按 [Enter] 键确定。然后选择矩形选框工具将图片框选住，按 [Ctrl]+[J] 快捷键复制生成"图层1"图层，再删除"海报图片"图层。

删除该图层

3. 调整颜色

图片颜色比较显旧，可右键单击"图层1"图层，在弹出的菜单中选择"转换为智能对象"命令，然后用Camera Raw滤镜（快捷键为 [Shift]+[Ctrl]+[A]）进行适当调整。在"基本"选项组中，将"色温"设置为−10，"曝光"设置为+0.50，"对比度"设置为+10，"高光"设置为+35，"阴影"设置为+20，"白色"设置为+30，"黑色"设置为+30。

然后调整"校准"和"细节"选项。

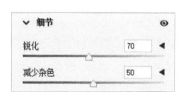

4. 进一步调整颜色

调整"混色器"中"色相""饱和度""明亮度"等选项卡中的各种颜色的数值。

如果觉得面部颜色不够红润，可在"基本"选项组中将"自然饱和度"设置为+50～+60，这里设置为+50。然后单击"确定"按钮。

5. 进行抠图

右键单击"图层1"图层，在弹出的菜单中选择"转换为智能对象"命令。选择魔棒工具，并在工具选项栏中单击"选择主体"按钮，然后单击"选择并遮住"按钮，用调整边缘画笔工具 在头发边缘进行细致的涂抹。将头发边缘抠出后，选择输出到"新建带有图层蒙版的图层"，自动生成"图层1拷贝"图层。此时"图层1"图层自动隐藏。

6.　清除边缘噪点

　　选择"图层1拷贝"图层的图层蒙版缩览图，使用画笔工具在人物边缘涂抹，去除边缘噪点。这里可将"画笔类型"设置为柔边画笔，"颜色"设置为黑色。然后在"画笔设置"面板中将画笔"硬度"的数值调到最大，将人物肩膀边缘绘制规整。

7.　选择滤镜

　　右键单击"图层1拷贝"图层，在弹出的菜单中选择"转换为智能对象"命令。将"图层1"图层显示出来，并对其执行"滤镜" > "滤镜库"命令。选择"扭曲"中的"玻璃"滤镜，将"扭曲度"设置为12，"平滑度"设置为1，"纹理"设置为"小镜头"，"缩放"默认为100%，调整完成后单击"确定"按钮。然后选择"图层1拷贝"图层，适当将人物向下移动，让人物和滤镜效果有种错位感。

8.　融入效果

　　选择"图层1拷贝"图层，单击"图层"面板下方的"添加图层蒙版"按钮，为该图层添加蒙版。然后单击"图层1拷贝"图层的图层蒙版缩览图，选择画笔工具，用黑色柔边画笔进行涂抹，使画面融合得更完美。

9. 添加文字

适当添加文字。如果还想调节颜色，可同时选中"图层1"图层和"图层1拷贝"图层，按 Ctrl + G 快捷键创建图层组，然后右键单击图层组，在弹出的菜单中选择"转换为智能对象"命令。按 Shift + Ctrl + A 快捷键调出"Camera Raw"滤镜窗口，将"基本"选项组中的"曝光"设置为+0.2，"自然饱和度"设置为+50。

14

功能强大的美颜制造者：各类滤镜

除了前面介绍的Camera Raw滤镜和滤镜库，PS还有很多其他滤镜功能。滤镜可以为图像加入多种特效，让平淡无奇的照片瞬间独具特色。

14.1 风格化

"风格化"滤镜中包含9种滤镜，它们可以置换像素、查找并增加图像的对比度、产生绘画等效果。执行"滤镜">"风格化"命令，能查看全部"风格化"滤镜，下面介绍几种常用的滤镜。

1. 查找边缘

"查找边缘"滤镜用相对于白色背景的黑色线条勾勒图像边缘。

原图

应用滤镜后的效果

2. 风

"风"滤镜可通过在图像中生成细小的直线来模拟风吹的效果。

原图

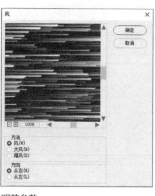

调整参数

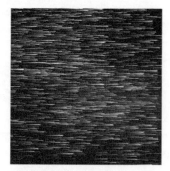

调整后的效果（应用滤镜7次）

方法

"方法"可设置"风"的强度，有"风""大风""飓风"3种模式供选择。

方向

　　"方向"可设置风从哪边吹过来，可选择"从左"或"从右"。

3. 浮雕效果

　　"浮雕效果"滤镜可以将图像的填充色转换为灰色，通过勾画图像或选区的轮廓和降低周围色值来产生浮雕效果。

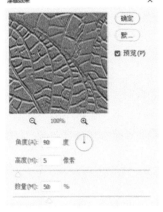

原图　　　　　　　　　　　调整参数　　　　　　　　　　　调整后的效果

角度

　　"角度"可以设置−360~360的数值。当数值为负数时，图像会产生凹陷的效果；当数值为正数时，图像会产生凸起的效果。

高度

　　可通过拖曳"高度"滑块或者输入1~100的数值来设置浮雕高度。

数量

　　可通过拖曳"数量"滑块或者输入1%~500%的数值来设置此滤镜的细节保留程度。数值越大，细节越多，颜色保留得越多。

4. 凸出

　　"凸出"滤镜可以为图像绘制三维纹理。

原图　　　　　　　　　　　调整参数　　　　　　　　　　　调整后的效果

类型

当选择"块"时，系统会创建具有众多凸出块状物的效果；当选择"金字塔"时，系统会创建具有众多凸出金字塔形状的效果。

大小

可输入2~255的像素值来设置对象大小。

深度

可输入1~255的数值来设置对象深度。

随机

选择"随机"选项，可给每个块状物或金字塔形状提供一个随机深度。

基于色阶

选择"基于色阶"选项，可使每个对象的深度与其亮度相对应，即亮的对象比暗的对象更加突出。

立方体正面

勾选该复选框，会用块的平均颜色填充每个块的正面；不勾选该复选框，会用图像填充每个块的正面。此选项不可用于"金字塔"。

蒙版不完整块

勾选该复选框，创建出的凸出效果如果是不完整的，则隐藏不完整的形状，只显示能够完整展现的凸出块。

5. 油画

"油画"滤镜可以将照片转换为具有油画视觉效果的图像。

调整参数

原图

调整后的效果

画笔

描边样式："描边样式"可调整描边的样式，数值范围为0.1~10。

描边清洁度："描边清洁度"可调整描边的长度，数值范围为0~10。

缩放：通过调整"缩放"数值可以实现具有强烈视觉效果的印象派绘画效果，数值范围为0.1~10。

硬毛刷细节："硬毛刷细节"可调整毛刷画笔压痕的明显程度，数值范围为0~10。

光照

角度："角度"可调整光照（而非画笔描边）的入射角。如果要将油画合并到另一个场景中，则此选项非常重要。

闪亮："闪亮"可调整光源的亮度和油画表面的反射量。

14.2　模糊和模糊画廊

人像图片中经常用到"模糊"滤镜，虽然工具栏中有模糊工具和涂抹工具，但是这些工具比较适用于小面积局部清除瑕疵，而在大面积效果处理时则不易控制，这时需要考虑使用"模糊"滤镜。

1. 模糊

"模糊"滤镜可以柔化选区或整个图像，还可以实现柔和边缘、增加景深等效果。执行"滤镜" > "模糊"命令可查看各种"模糊"滤镜。

表面模糊

"表面模糊"滤镜可以在保留边缘的同时模糊图像。此滤镜一般用于创建特殊效果及消除杂色。

半径："半径"可指定模糊取样区域的大小。

阈值："阈值"可以控制模糊的范围。

 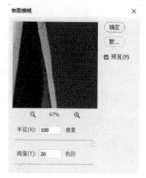 

原图　　　　　　　　　　　　调整参数　　　　　　　　　　　　调整后的效果

动感模糊

　　"动感模糊"滤镜的效果类似于以固定的曝光时间给一个移动的对象拍照。

　　角度:"角度"可指定模糊的角度(范围为-360°～+360°)。

　　距离:"距离"可指定模糊的强度(范围为1~2000)。

 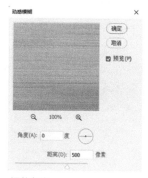 

原图　　　　　　　　　　　　调整参数　　　　　　　　　　　　调整后的效果

高斯模糊

　　"高斯模糊"滤镜可快速模糊选区内容或整体图像,还能添加低频细节,并产生一种朦胧的效果。

　　半径:"半径"可控制模糊强度,数值越大,图像越模糊。

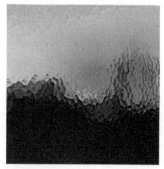  

原图　　　　　　　　　　　　调整参数　　　　　　　　　　　　调整后的效果

径向模糊

"径向模糊"滤镜可产生一种从中心向外呈辐射状逐渐模糊的效果。此滤镜可制作丁达尔效应的效果。

数量："数量"可控制模糊的强度，数值越大，模糊效果越明显。

模糊方法：当选择"旋转"时，图像沿同心圆环线产生旋转的模糊效果；选择"缩放"时，图像可产生放射状的模糊效果。

品质：当选择"草图"时，可得到较为粗糙的结果；当选择"好"时，可得到较为平滑的结果；当选择"最好"时，可得到更加优质的结果。

原图

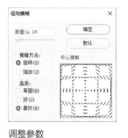

调整参数

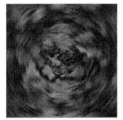

调整后的效果

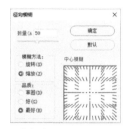

调整参数

调整后的效果

特殊模糊

"特殊模糊"滤镜可以精确地模糊图像。

半径："半径"可确定在其中搜索不同像素的区域大小。

阈值："阈值"可确定像素有多大差异后才会受到影响。

品质："品质"可通过不同选项（"低""中""高"）来确定模糊效果的质量。

模式：在"正常"模式下，指定将模糊效果应用到整个选择范围；在"仅限边缘"和"叠加边缘"模式下，指定将模糊效果仅应用到色彩过渡的边缘。在对比显著的地方，"仅限边缘"将模糊效果应用到黑白混合的边缘，"叠加边缘"将模糊效果应用到白色的边缘。

原图

调整参数

调整后的效果

2. 模糊画廊

执行"滤镜">"模糊画廊"命令，可查看全部"模糊画廊"滤镜。"模糊画廊"滤镜可以通过直观的图像控件快速创建截然不同的照片模糊效果。

场景模糊

"场景模糊"滤镜可以通过定义具有不同模糊量的多个模糊点来创建渐变的模糊效果。可单击图像添加多个图钉，并指定每个图钉的模糊量。此外，可以在图像外部添加图钉来对边角应用模糊效果。

场景模糊图钉

单击图钉即可选中该图钉。

① 未选中的图钉。

② 选中的图钉。

③ 模糊环。

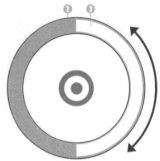

按住图钉并拖曳，可移动位置；按 Delete 键可将其删除；按 Alt + Ctrl 组合键并拖曳，可复制具有相同模糊效果的图钉。

原图

设置场景模糊

调整后的效果

光圈模糊

"光圈模糊"滤镜可以对图像创建一个椭圆形的焦点范围，能够模拟柔焦镜头拍摄的梦幻、朦胧的画面效果。此滤镜可以定义多个焦点。

光圈模糊图钉：选择此滤镜即可在图像上放置图钉。单击图钉可选中该图钉，单击图像可以添加其他图钉。

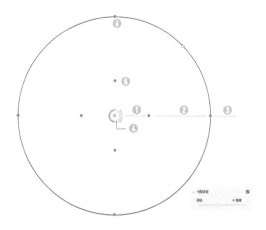

① 锐化区域。

② 渐隐区域。

③ 模糊区域。

④ 模糊环。

⑤ 渐隐手柄。

⑥ 模糊外圈手柄。

　　拖曳渐隐手柄和模糊外圈手柄可以重新定义各个区域。其他操作可参考"场景模糊"相关内容。

原图

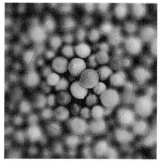

调整参数

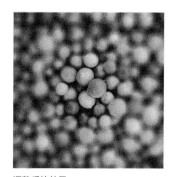

调整后的效果

移轴模糊

　　"移轴模糊"滤镜可以模拟移轴镜头拍摄的虚化效果。该模糊效果会定义锐化区域，然后在边缘处逐渐变得模糊。

　　倾斜偏移图钉：选择此滤镜可在图像上放置图钉。单击图像可以添加其他图钉，单击图钉即可选中该图钉。

① 锐化区域。

② 渐隐区域。

③ 模糊区域。

④ 模糊环。

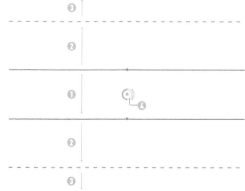

　　拖曳线条（实线/虚线）可以定义模糊范围，拖曳实线上的手柄可以旋转模糊范围。其他操作可参考"场景模糊"相关内容。

原图

调整参数

调整后的效果

14.3　扭曲

　　"扭曲"滤镜可以对图像进行艺术化处理。执行"滤镜" > "扭曲"命令，可以查看全部"扭曲"滤镜。

1.　波浪

　　"波浪"滤镜可在图像上创建有起伏效果的图案。执行"滤镜" > "扭曲" > "波浪"命令，可以弹出"波浪"对话框。

原图

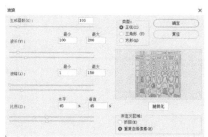
调整参数

调整后的效果

类型

　　"类型"用于设置波浪的类型。当选择"正弦"时，创建翻滚波浪图案；当选择"三角形"时，创建三角形波浪图案；当选择"方形"时，创建方形波浪图案。

选择"正弦"

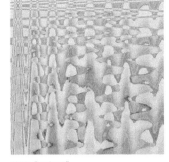

选择"三角形"

选择"方形"

生成器数

　　"生成器数"用于控制产生波浪的数量，数值范围为1~999。

"生成器数"为100

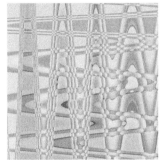

"生成器数"为200

波长

　　调整"最小"和"最大"数值可以设置从一个波峰到下一个波峰的距离。

"最小"为100/"最大"为200

"最小"为200/"最大"为400

波幅

　　调整"最小"和"最大"数值可以设置不同的波幅效果。

"最小"为1/"最大"为150

"最小"为50/"最大"为400

比例

　　调整"水平"和"垂直"数值可以设置波浪的高度和宽度。

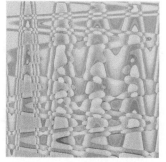

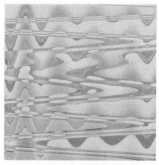

"水平"为45%/"垂直"为45%　　　　"水平"为100%/"垂直"为10%

随机化

　　"随机化"按钮用于为图案扭曲应用随机结果，多次单击此按钮可以得到更多结果。

未定义区域

　　当选择"折回"时，可以用图像另一边的内容填充图像中的空间；当选择"重复边缘像素"时，可以在指定的方向上沿图像边缘扩展像素的颜色。

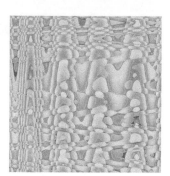

选择"重复边缘像素"　　　　　　选择"折回"

2. 极坐标

　　"极坐标"滤镜可根据选中的选项，将图像从平面坐标转换到极坐标（"平面坐标到极坐标"），或将图像从极坐标转换到平面坐标（"极坐标到平面坐标"）。

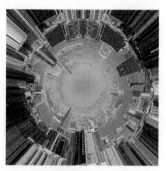

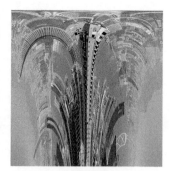

原图　　　　　　　　　　选择"平面坐标到极坐标"　　　　选择"极坐标到平面坐标"

3. 球面化

　　"球面化"滤镜将选区折成球形、扭曲图像及伸展图像以适合选中的曲线，使对象具有3D效果。

数量

　　"数量"可以设置"球面化"的大小和方向，范围为-100%～100%。输入负值，可将图像向内压缩，就好像包裹在球面内一样；输入正值，可将图像向外拉伸，就好像被球面包裹一样。

"数量"为 -100%

"数量"为 0%

"数量"为 100%

模式

　　"模式"有"正常""水平优先""垂直优先"3种。

选择"水平优先"

选择"垂直优先"

4. 水波

　　"水波"滤镜可根据图像像素的半径将选区径向扭曲，从而产生类似于水波的效果。

数量

　　拖曳"数量"滑块或输入数值可设置扭曲的级别和方向。

"数量"为 -100

"数量"为 0

"数量"为 100

起伏

　　拖曳"起伏"滑块或输入数值，可设置从图像中心到边缘的反方向水波的数量。

"起伏"为 10　　　　　　　　　　　　　"起伏"为 20

样式

　　该选项可设置水波的样式。当选择"围绕中心"时，将围绕图像的中心旋转像素；当选择"从中心向外"时，可产生朝向或远离图像中心的波纹效果；当选择"水池波纹"时，可产生向左上角或右下角扭曲的波纹效果。

选择"围绕中心"　　　　　　　　选择"从中心向外"　　　　　　　　选择"水池波纹"

5. 旋转扭曲

　　"旋转扭曲"滤镜可旋转图像，使用该滤镜时，中心呈现的效果比边缘更明显。

角度

　　向右拖曳滑块为正值，图像以顺时针方向旋转扭曲；向左拖曳滑块为负值，图像以逆时针方向旋转扭曲。也可输入-999~999的数值进行调整。

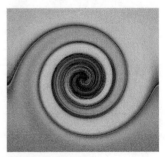

"角度"为-999　　　　　　　　　　"角度"为 0　　　　　　　　　　　　"角度"为 999

6．置换

"置换"滤镜使用置换图的图像来确定如何扭曲图像或者选区。

"水平比例"和"垂直比例"

"水平比例"和"垂直比例"用于设置置换的数量，可以输入–999~999的数值。

置换图

如果置换图与原图像的大小不同，可以设置置换图适应原图像的方式。当选择"伸展以适合"时，系统会重新调整置换图大小来适应原图像的大小；当选择"拼贴"时，会通过重复置换图来填充原图像。

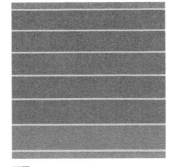

原图

设置参数

选择置换图

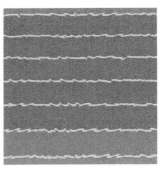

选择"伸展以适合"的效果

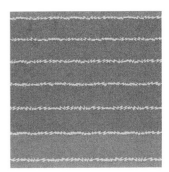

选择"拼贴"的效果

14.4　锐化

执行"滤镜">"锐化"命令，可查看全部"锐化"滤镜。

1. USM锐化

　　"USM锐化"可通过增加图像边缘的对比度来锐化图像。对于邻近像素，较亮的像素将变得更亮，而较暗的像素将变得更暗。

原图　　　　　　　　　　　　调整参数　　　　　　　　　　　调整后的效果

数量

　　拖曳"数量"滑块或输入数值，可确定增加像素对比度的数量。对于需要高分辨率的图像，建议将"数量"设置为150%~200%。

半径

　　拖曳"半径"滑块或输入数值，可确定边缘像素周围受锐化影响的像素数。"半径"数值越大，边缘效果的范围越广，锐化效果越明显。

2. 智能锐化

　　"智能锐化"滤镜可通过设置锐化算法或控制阴影和高光中的锐化量来锐化图像。

原图　　　　　　　　　　　　调整参数　　　　　　　　　　　调整后的效果

数量

　　"数量"可设置锐化量，较大的数值会增强边缘像素之间的对比度，从而使图像看起来更加锐利。

半径

　　"半径"可决定边缘像素周围受锐化影响的像素数量。"半径"数值越大，受影响的边缘越宽，锐化的效果也就越明显。

减少杂色

　　"减少杂色"可减少不需要的杂色，同时确保重要边缘不受影响。

移去

　　"移去"可设置用于对图像进行锐化的锐化算法。当选择"高斯模糊"时，锐化算法是"USM锐化"滤镜使用的方法；当选择"镜头模糊"时，将检测图像中的边缘和细节，可对细节进行更精细的锐化，并减少了锐化光晕；当选择"动感模糊"时，将尝试减少相机或主体移动导致的模糊效果，选择该选项可设置"角度"。

阴影/高光

　　"阴影"或"高光"可调整较暗和较亮区域的锐化效果。

　　渐隐量：调整阴影或高光中的锐化量。

　　色调宽度：控制阴影或高光中色调的修改范围。

　　半径：控制每个像素周围阴影或高光的区域大小。

14.5　像素化

　　"像素化"滤镜可以给图像添加很多有意思的效果，如彩色半调效果、马赛克效果、彩块化效果等。执行"滤镜">"像素化"命令，可查看全部"像素化"滤镜。

1.　彩色半调

　　"彩色半调"滤镜可以将图像转换成由若干圆点组成的图像。这种圆点效果应用十分广泛，多用于制作装饰纹理。

最大半径

　　"最大半径"可设置半调图案大小，可输入4~127的数值进行调节。

网角（度）

　　"网角（度）"可为一个或多个通道输入-360~360的网角值(网点与实际水平线的夹角)。

原图　　　　　　　　　　　　　调整参数　　　　　　　　　　　　　调整后的效果

2. 晶格化

"晶格化"滤镜可将图像重新绘制为由多边形颜色块组成的图像。

单元格大小

"单元格大小"可以设置颜色块的大小。

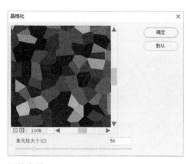

原图　　　　　　　　　　　　　调整参数　　　　　　　　　　　　　调整后的效果

3. 马赛克

"马赛克"滤镜可将图像重新绘制为马赛克的效果。

单元格大小

"单元格大小"可以设置马赛克单元格的大小。

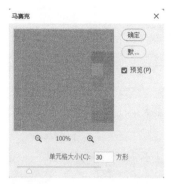

原图　　　　　　　　　　　　　调整参数　　　　　　　　　　　　　调整后的效果

14.6 渲染

"渲染"滤镜有渲染气氛、增加光效的作用。执行"滤镜" > "渲染"命令可查看全部"渲染"滤镜。

1. 分层云彩

"分层云彩"滤镜可使用随机生成的介于前景色与背景色之间的值，生成云彩图案。

原图

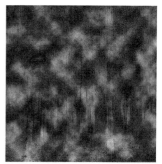

调整后的效果

第1次选择此滤镜时，图像的某些部分被反相为云彩图案。应用此滤镜几次之后，会创建出与大理石纹理相似的图案。

原图

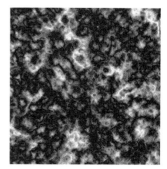

调整后的效果（应用滤镜 5 次）

2. 光照效果

"光照效果"滤镜能创造出许多奇妙的光照效果。

原图   调整参数   调整后的效果

3. 镜头光晕

"镜头光晕"滤镜可模拟亮光照射到相机镜头所产生的折射。通过单击图像缩览图的任意位置或拖曳十字线，可以指定光晕的位置。

原图   调整参数   调整后的效果

亮度

"亮度"可设置光晕强度，数值越大，光晕越强。

镜头类型

可以选择一种合适的相机镜头来模拟折射。

4. 纤维

"纤维"滤镜可使用前景色和背景色创建编织纤维的外观。

差异

可以使用此选项来控制颜色的变化方式。较小的数值会产生较长的纤维，而较大的数值会产生非常短且颜色分布变化较大的纤维。

强度

可以使用此选项来控制纤维的外观。

随机化

可以使用此选项更改图案的外观，可多次单击该按钮，直至得到合适的图案。

原图

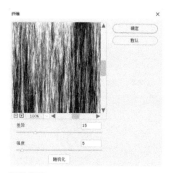
调整参数

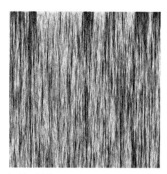
调整后的效果

5. 云彩

"云彩"滤镜可使用介于前景色与背景色之间的随机值，生成柔和的云彩图案。

原图

调整后的效果

14.7 杂色和其他

下面介绍"杂色"和"其他"滤镜。

1. 杂色

执行"滤镜">"杂色"命令，可以查看全部"杂色"滤镜。使用这些滤镜可以为图像添加杂色效果，也可以减少图像杂色等。

减少杂色

"减少杂色"滤镜可以在保留边缘的同时减少杂色。

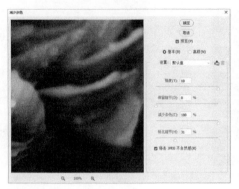

原图　　　　　　　　　　　　调整参数　　　　　　　　　　　　调整后的效果

强度："强度"可控制应用于所有图像通道的明亮度杂色减少量。

保留细节："保留细节"可保留边缘和图像细节，如头发、纹理等。

减少杂色："减少杂色"可移去随机的颜色像素。可通过输入数值或拖曳滑块来调整该选项，数值越大，减少的杂色越多。

锐化细节："锐化细节"可对图像进行锐化处理。

蒙尘与划痕

"蒙尘与划痕"滤镜可通过更改相异的像素减少杂色。

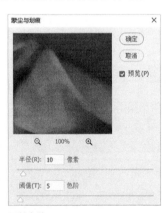

原图　　　　　　　　　　　　调整参数　　　　　　　　　　　　调整后的效果

半径："半径"可确定在选定的图片中搜索不同像素的区域大小。

阈值："阈值"可确定像素具有多大差异后才应将其消除。

添加杂色

"添加杂色"滤镜可将随机的像素应用于图像，模拟在高速胶片上拍照的效果。

原图　　　　　　　　　　　　　　　　调整参数　　　　　　　　　　　　　　　调整后的效果

数量："数量"可控制添加杂色的数量，数值越大，杂色越密集。

分布：当选择"平均分布"时，系统会使用随机数值分布杂色的颜色值，以获得细微的效果；当选择"高斯分布"时，系统会沿一条曲线分布杂色的颜色值，以获得斑点状的效果。

单色：勾选此复选框将此滤镜只应用于图像中的色调元素，而不改变颜色。

2. 其他

执行"滤镜" > "其他"命令，可以查看全部"其他"滤镜。

高反差保留

"高反差保留"滤镜可在颜色发生强烈转变的地方按指定的半径保留边缘细节，并且不显示图像的其余部分。

原图　　　　　　　　　　　　　　　　调整参数　　　　　　　　　　　　　　　调整后的效果

半径："半径"可控制"高反差保留"的强度，数值越大，识别的细节越多，效果越接近原图。

最大值

"最大值"滤镜可展开白色区域，并收缩黑色区域。

 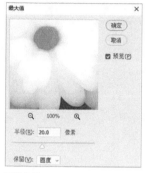 

原图　　　　　　　　　　　　调整参数　　　　　　　　　　　调整后的效果

最小值

"最小值"滤镜可收缩白色区域，并展开黑色区域。

原图　　　　　　　　　　　　调整参数　　　　　　　　　　　调整后的效果

14.8　实战案例：各类滤镜的应用

下面通过案例来具体讲解各类滤镜的具体应用方法和效果，以供大家更直观地学习。

1. "风格化"滤镜的应用：制作动漫风画面

原图

调整后的效果

原图

调整后的效果

绘制重点

（1）在使用滤镜之前，先将图像转换为智能对象。

（2）使用"风格化"滤镜中的"油画"滤镜有两个作用：一是可以去掉图像中多余的细节，二是可以使图像呈现油画的质感。

（3）使用"模糊"滤镜中的"特殊模糊"滤镜是为了去掉使用"油画"滤镜之后呈现的多余细节，使画面更有笔刷绘制的质感。

（4）使用"滤镜库"中的"阴影线"滤镜，绘制细节的边缘部分。

（5）用Camera Raw滤镜微调图像即可，不用过度调整。

（6）这个效果适用于绝大多数图片，按住 Alt 键将滤镜效果拖曳到新图层上，可为新图层应用相同的滤镜效果。

2. "模糊"和"模糊画廊"滤镜的应用：制作美丽通透的丁达尔效应

原图

调整后的效果

绘制重点

（1）使用魔棒工具，在工具选项栏取消勾选"连续"复选框，一次性将白色部分选中。

（2）使用"模糊"滤镜中的"径向模糊"滤镜设置阳光照射的效果，在对话框中可调整光线的位置。

（3）使用"模糊画廊"滤镜中的"光圈模糊"滤镜，将过于硬朗的光线调整得更加自然。

（4）将图层混合模式设置为"线性光"，让光线变得更加通透。

（5）如果觉得光线还是不够通透，有雾蒙蒙的感觉，还可将图层混合模式设置为"亮光"，并降低不透明度。

3. "扭曲"滤镜的应用：制作极坐标海报和花纹布料拼合效果

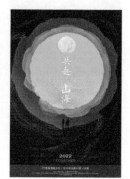

原图　　　　　　　　　调整后的效果

极坐标海报绘制重点

（1）使用"扭曲"滤镜中的"极坐标"滤镜，使图像大致呈现极坐标海报的效果。

（2）添加图层蒙版，用白色画笔调整有瑕疵的地方，如下方的凹陷、上方的对称区域（蓝框标注处）。

（3）为了让中间浅色区域的边缘变得更加圆润，可用"液化"滤镜进行处理。

（4）用Camera Raw滤镜和"色相/饱和度"调整浅色区域，让浅色区域边缘和内部颜色相协调。

（5）添加图层样式，选择"外发光"，让浅色区域有一个光圈的效果。

（6）为人物设置"内发光"效果，让人物呈现逆光的状态。

（7）底纹颜色是橙色的，与图像不太协调，看起来有些突兀，需要将其调整为灰蓝色。

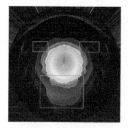

原图　　　　　　　　　调整后的效果

花纹布料拼合绘制重点

（1）用 Shift + Ctrl + U 快捷键将图像去色，并储存为PSD文件，命名为"置换文件"，以便于后期使用。

（2）使用"扭曲"滤镜中的"置换"滤镜，打开前面储存的"置换文件"，即可对图像进行"置换"操作。

（3）调整图层混合模式和"色阶"，让图像和图案融合得更完美。

原图　　　　　　　　　调整后的效果

4. "渲染"滤镜的应用：制作大理石效果

原图

调整后的效果

绘制重点

（1）使用"渲染"滤镜中的"分层云彩"滤镜，并调整"色阶"、图层混合模式和"填充"值，直到出现大理石效果。

（2）用"阈值"将黑色部分多显示出来一些，在使用魔棒工具时，注意在工具选项栏中取消勾选"连续"复选框，以便一次性将黑色部分选中。

（3）如果想更换大理石效果的颜色，可直接调整"色相/饱和度"中的"色相"数值。

5. "杂色"滤镜的应用：制作下雨效果和摩托车线稿

原图

调整后的效果

下雨效果绘制重点

（1）使用"滤镜库"中的"塑料包装"滤镜，可呈现雨水打湿地面的效果。

（2）这里设置了3个雨水图层，通过调整不同参数，让雨水效果更真实且富有层次。

（3）设置后的雨滴太过密集，可为3个雨水图层添加图层蒙版，并用黑色画笔适当擦除多余的水滴。

（4）为了让雨夜效果更逼真，需要设置一个倒影效果。倒影效果的具体设置方法：垂直翻转夜景，并调整位置、图层混合模式和"填充"值，再用黑色画笔擦除不必要的地方。

（5）在黑夜状态下，雨水溅起的效果不明显。需要为相应图层创建图层蒙版，并用黑色画笔适当进行擦除。

摩托车线稿绘制重点

（1）将图像去色（快捷键为 Ctrl + Shift + U ），然后复制图层并将图层混合模式设置为"划分"，此时会显示图像的轮廓。

（2）使用"其他"滤镜中的"最小值"滤镜，可显示图像主要的线稿。

原图

调整后的效果

（3）选择"阈值"进行调整，可显示更为细致的线稿。

6．"液化"滤镜的应用：制作瘦脸效果

"液化"滤镜（快捷键为 Shift + Ctrl + X ）可以针对图像的局部进行缩小、放大、变形等操作，在进行人像修图时经常用到。执行"滤镜>液化"命令，可打开"液化"对话框。

原图

调整后的效果

绘制重点

（1）在"液化"对话框中选择"存储网格"，即可存储液化效果。当打开新的图片时，在"液化"对话框中选择"载入网格"，即可应用之前存储的液化效果。

（2）使用"脸部工具"调整脸形、五官。

（3）使用"向前变形工具"进一步调整脸形，使脸部线条更完美。

15

综合大案例制作

PS是一个功能强大的软件，只有熟练掌握软件的各个功能，才能用其创作出优秀的作品。本章通过一个综合案例，帮助大家回顾前面学过的知识，并展示合成特效的制作方法，希望对大家的学习有帮助。

工具和滤镜的运用

　　前期拖入素材，将其放到合适的位置，会用到抠图工具，如套索工具、快速选择工具、魔棒工具、钢笔工具等。

　　中间细节的处理，会用到修补工具、仿制图章工具、涂抹工具等。

　　后期图片的合成，会用到蒙版的相关知识。关于图像色调的统一，通常会用到"色阶""曲线""色相/饱和度"等工具。关于远景、中景、近景的把握，通常会用到"模糊"滤镜、"模糊画廊"滤镜、"锐化"滤镜等。

绘制重点

　　（1）在绘制完背景融合效果之后，前期不用调整颜色、细节等，在后期主要元素位置调整完成后再根据整体画面效果统一调整即可。

效果图

这种比较突兀的地方需要去除。可在"图层"面板上双击智能对象缩览图，打开需要处理的图像。

首先用修补工具将多余的地方圈出来，并拖曳到天空区域进行修补

然后用涂抹工具擦除不需要的地方

处理好之后按 [Ctrl]+[S] 快捷键保存

（2）当对山、人物、龙和喷出的火焰进行抠图的时候，可先将相应的图片单独打开，抠图完成后按 Ctrl + C 快捷键、Ctrl + V 快捷键，将抠好的图片复制到绘制的图像中。

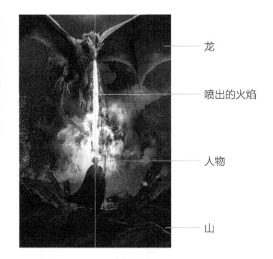

龙

喷出的火焰

人物

山

（3）人物周围的保护光效需要在相应图层上新建蒙版，并用黑色画笔适当擦除不需要的地方，使其碎裂得更加均匀，看起来更加自然。这里不用调整太多，稍微擦除一些即可。

调整前

调整后

（4）各主要元素位置确定好之后需要调整画面颜色。图像中的火焰较多，所以图像应该为偏暖的色调。火焰也应进行适当调整，使其整体偏灰。

调整前

调整后

（5）靠近火焰的地方需要提亮一些，以体现被火焰照亮的效果。此外，下边的山为冷色调，应调整为暖色调。

圈选选区

调整前

用橙色画笔绘制

填充橙色

设置图层样式，擦除多余的颜色

调整图层模式、图层样式等　将山调为暖色调后

调整后图像变亮

（6）人物是逆光的，身体背面要整体调暗一些，注意边缘保留火焰照过来的橙色。此外，要在人物后方适当添加投影。

人物身体边缘应添加橙色。需要先调整图层样式中的"内阴影"数值，然后新建图层蒙版，用黑色画笔擦除不需要的地方

调整前

调整后

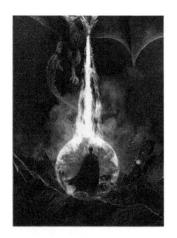

（7）龙喷出的火焰内侧和外侧颜色不同，内侧应填充偏黄的颜色，外侧应填充偏橙的颜色。

调整前（颜色偏红）

调整后（颜色偏黄）

火焰颜色要有过渡，内侧偏黄，外侧偏橙，注意颜色不宜偏红

（8）龙在空中飞舞，不是静止的状态，需要进行适当的模糊处理。

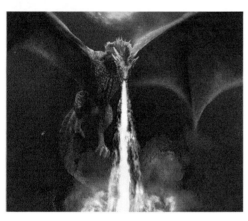

先用"路径模糊"滤镜进行模糊处理

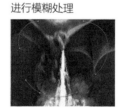

然后用黑色画笔稍微擦除不需要模糊的区域

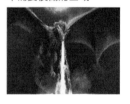

（9）用暖色调涂抹龙受光的部位，注意龙的头部上方和翅膀上方边缘靠近天空的部位因受月光照射偏冷色调。

龙上方偏冷色调，可先用吸管工具吸取上边月光的颜色并用画笔进行绘制。

再把图层混合模式改为"叠加"，并用画笔（吸取的月光颜色）适当涂抹。然后适当调整图层样式。

然后用黑色画笔擦除不需要的冷色调区域，以免影响暖色调区域。

（10）为了营造氛围，可在山的上方加一些云雾效果。应用"高斯模糊"滤镜，并在"图层"面板中降低"填充"值，然后适当调整颜色，让云雾呈现若隐若现的效果。